贵州省社会科学院哲学社会科学创新工程学术精品出版项目

贵州省社会科学院智库系列·院省委托课题

国家生态文明试验区建设的贵州实践研究

贵州省社会科学院／编

潘家华 李 萌 等／著

社会科学文献出版社
SOCIAL SCIENCES ACADEMIC PRESS (CHINA)

编辑委员会

本书撰写者

总报告　李萌执笔
第一章　马先标执笔
第二章　李宇军执笔
第三章　李萌执笔
第四章　罗勇执笔
第五章　李萌执笔
第六章　梁本凡执笔
第七章　马先标执笔
第八章　韩敏霞执笔

出版说明

"贵州省社会科学院智库系列"（全称：贵州省社会科学院智库系列研究成果学术文库）是贵州省社会科学院新型智库建设中组织编辑出版的智库系列学术丛书，是我院进一步加强课题成果管理和学术成果出版规范化、制度化建设的重要举措。

建院以来，我院广大科研人员坚持站在时代发展的前沿，时刻铭记肩负的历史使命，切实履行资政育人的职责；以马克思主义、毛泽东思想、邓小平理论、"三个代表"重要思想、科学发展观、习近平新时代中国特色社会主义思想为指导，努力夯实哲学社会科学理论基石。坚持面向全国，立足贵州，研究贵州，服务贵州。以应用研究为主，为贵州经济发展建言献策，同时重视具有地域优势、民族特点和地方特色的基础学科研究，努力打造贵州学术特色。几代社科人厚德笃学、求真务实、勇于创新、薪火相传，取得了丰硕的研究成果。据不完全统计，50多年来，贵州省社会科学院共承担完成国家级研究项目100多项，省部级研究项目300余项，国际合作项目30余项，横向委托项目500余项；出版著作约600种，发表学术论文约10000篇，完成各类研究报告2500余份。其中，有1项成果获国家优秀成果奖，有近200项成果获省部级优秀成果奖。50多年来共培养出高级专业技术人员近200人。尤其是党的十八大以来，贵州省社会科学院以中国特色社会主义理论体系为指导，深入贯彻落实党的十八大、十九大会议精神和省委十一次、十二次会议精神，结合中央和省委重大决策部署，深入推进"科研立院、人才强院、管理兴院"三大战略和以质量为中心的科研转型升级，建设具有地方特色的新型智库，成为我院历史上发展势头最好、成果最丰硕的时期。

从 2016 年起，我们逐年从各级各类课题研究结项成果中选出一批具有较高学术水平和一定代表性的研究成果，列入《贵州省社会科学院智库系列研究成果学术文库》集中出版。我们希望这能从一个侧面展示我院整体科研状况和学术成就，进一步推动"十三五"时期我院哲学社会科学研究的创新发展，同时为优秀科研成果的及时转化创造更好的条件。

贵州省社会科学院科研处

2018 年 11 月 23 日

目 录
contents

第三章

构建"生态大康养"格局，形成国家生态文明试验区建设新动能

第四章

大康养产业发展与生态友好的供给侧结构优化

第五章

立足大康养，释放生态红利

第六章

立足生态康养，推进脱贫攻坚：贵州生态文明实验区生态扶贫

策略研究

总报告

贵州：探索生态文明试验区建设之路

一 探索生态文明建设模式是贵州生态文明试验区的重要使命

建设生态文明是中华民族永续发展的千年大计。党的十八大以来，以习近平同志为核心的党中央把握新时代的特征和实践的新要求，着眼于人民群众的新期待，就生态文明建设做出了一系列重要论述和决策部署，先后印发了《关于加快推进生态文明建设的意见》（中发〔2015〕12 号）和《生态文明体制改革总体方案》（中发〔2015〕25 号），习近平总书记就生态文明建设提出的新思想新理论新战略，是新时代中国特色社会主义思想的重要组成部分，为当前和今后一个时期我国生态文明建设工作指明了路径与方向。

当前，我国生态文明建设水平滞后于经济社会发展水平，特别是制度体系不健全，体制机制瓶颈亟待突破，迫切需要加强顶层设计，与地方实践相结合开展改革创新试验，探索适合我国国情和各地发展阶段的生态文明建设模式。为此，党的十八届五中全会和"十三五"规划纲要明确提出设立统一规范的国家生态文明试验区。[①]

2016 年，中共中央办公厅、国务院办公厅印发了《关于设立统一规范的国家生态文明试验区的意见》，选择生态基础较好、资源环境承载能力较强的福建、贵州和江西三省为第一批国家生态文明试验区，共同肩负探索并完善生态文明制度体系发展路径，积累并形成可

[①] 参见国家发展改革委副主任张勇就《关于设立统一规范的国家生态文明试验区的意见》和《国家生态文明试验区（福建）实施方案》答记者问，发改委网站。

在中国复制推广成功经验的责任。

贵州省入选国家首批三个试验区之一，一是由于其生态环境优势，二是贵州近几年来生态文明建设成果丰硕，可以说打造了一个"贵州样本"，具有重要的借鉴推广价值。①

中央决策部署设立国家生态文明试验区，就是要把中央关于生态文明体制改革的决策部署落地，选择部分有代表性的地区先行先试、大胆探索，开展重大改革举措的创新试验，是为了探索可复制、可推广的制度成果和有效模式，引领带动全国生态文明体制改革，加快推进我国生态文明建设进程。

贵州省处在决胜脱贫攻坚、同步全面小康的关键节点，作为国家首批生态文明试验区，需要在发挥地方的主动性、积极性和创造性基础上，凝聚各部门力量形成改革合力，将中央决策部署与地方具体实际相结合，在生态文明方面取得实绩并形成生态文明建设的经验，责任重大，意义深远。

具体来说，一是对于守住发展和生态两条底线，走生态优先、绿色发展之路，实现绿水青山与金山银山有机统一具有重大意义；二是有利于解决关系人民群众切身利益的资源环境问题，推动共建共享绿色家园，提升人民福祉；三是有利于推进供给侧结构性改革，培育发展绿色经济，形成体现生态环境价值、增加生态产品有效供给的制度体系；四是有利于发挥贵州生态环境优势和生态文明体制机制创新成果优势，形成在全国范围内可复制推广的生态文明重大制度成果。

———————————

① 近年来，贵州省不断推进生态文明制度建设和机制体制改革，结合本省设计、进行了一系列的探索实践，积累了相当多的经验。在生态环境保护、绿色发展等方面推出了一系列的政策，走出了自己的绿色发展、跨越赶超之路。例如，成立了全国首个环保法庭、制定了全国首部生态文明建设地方性法规、出台了《林业生态红线保护党政领导干部问责暂行办法》《生态环境损害党政领导干部暂行办法》等。

《国家生态文明试验区（贵州）实施方案》提出，贵州要成为长江珠江上游绿色屏障建设示范区、生态脱贫攻坚示范区、生态文明大数据建设示范区、生态旅游创新示范区、生态文明法治建设示范区、国际生态文明交流合作示范区等。同时，明确了八大重点任务：开展绿色屏障建设制度创新试验、开展促进绿色发展制度创新试验、开展生态脱贫制度创新试验、开展生态文明大数据建设制度创新试验、开展生态旅游发展制度创新试验、开展生态文明法治建设制度创新试验、开展生态文明对外交流合作示范试验、开展绿色绩效评价考核创新试验。

贵州省需要在以往成就的基础上，为生态文明建设持之以恒地努力，实现经济与生态双赢的绿色赶超发展，建成"多彩贵州公园省"，为完善国家生态文明制度体系探索路径、积累经验。

二 贵州生态文明试验区建设模式选择

每个区域都能建设有区域特色的生态文明，但在不同的经济与生态环境条件下，各个区域在建设生态文明过程中都面临不同的重点及难点。

贵州省属于经济基础较差，生态环境基础较好的区域，因此，作为国家生态文明示范区，贵州省需要肩负起探索经济基础较差、生态环境基础较好区域建设生态文明模式的责任（见图1）。

作为经济基础较差、生态环境基础较好的区域，贵州省需要在持续改善生态环境的同时，利用有利的生态环境资源来发展经济。而大康养显然是能充分发挥贵州省生态环境优势的重要领域。

大数据是贵州省正在积极发展的重点产业之一，已取得较好成效，这为贵州省发展"互联网＋"型的大康养产业提供了有利的基础条件。

贵州省在探索生态文明建设模式时，也需要积极贯彻最新的"十九大"精神。党的十九大报告提出，要"建立健全城乡融合发展体制

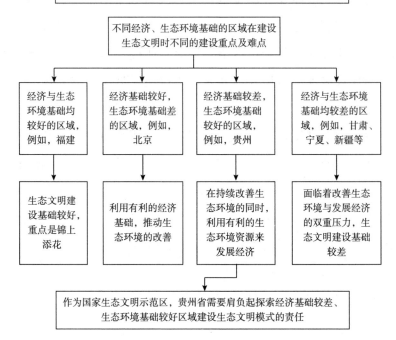

图1 不同经济、生态环境基础区域在建设生态文明时不同的建设重点及难点

机制和政策体系"，因此，贵州省发展的大康养产业，一定要是一种城乡融合发展的模式，推动各区域、各行业、各类主体的共享共建。十九大报告还提出，中国要"成为全球生态文明建设的重要参与者、贡献者、引领者"，因此，贵州省的大康养产业一定要是高起点，立足于国际化，面向全球，争取成为全球大康养产业的引领者。

本研究建议，在探索生态文明建设模式的过程中，贵州省要重视发展生态型、融合发展型、"互联网＋"型、国际引领型的大康养产业。由于生态文明建设要以"生态"为核心，本研究把这种模式归纳为"'E＋3I'型大康养"，也可称为生态文明建设的"E＋3I－CH"模式（Ecology ＆ Integration development ＆ Internet ＋ ＆ International leader ＆ Comprehensive Health），见图2。

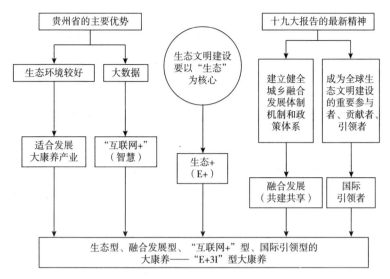

图 2　贵州生态文明试验区建设模式选择

三　贵州省大康养发展模式战略定位及战略意义

"E+3I"型大康养是指生态型、融合发展型、"互联网+"型、国际引领型的大康养（E+3I-CH）。

这种发展模式的战略定位是：以良好的生态环境为基础，以大数据、"互联网+"为重要技术支撑，采用融合发展的社会经济发展模式，构建国家领先的大康养产业。

大康养是一个系统性概念，包括康养文化、康养产业、康养产品与消费、康养政策等。大康养前面的几个定语是从不同的角度明确了贵州国家生态文明试验区建设背景下的大康养产业的特点。

"国际引领"是指大康养产业的定位要高起点、高目标，是对党的十九大提出"成为全球生态文明建设的重要参与者、贡献者、引领者"要求的具体践行。

生态环境与大数据是贵州省发展大康养产业的基础，是重要的支撑要素。"绿水青山就是金山银山",贵州省良好的生态环境基础是发展大健康产业的重要基础。而大数据、"互联网+"属于重要的技术支撑要素,智慧时代背景下的大康养应是智慧型的、面向未来的。

"融合发展"则是发展的原则之一。"山水林田湖草是一个生命共同体",需要系统考虑。同时,生态文明建设需要守住生态与发展的两条底线,要发展,就需要采用最新的发展理念,而"城乡融合发展""共建共享式"的发展模式则是中国未来一段时期内重要的发展方向。而"生态"既是发展的基础,也是发展过程中的原则要求——生态绿色低碳发展(见图3)。

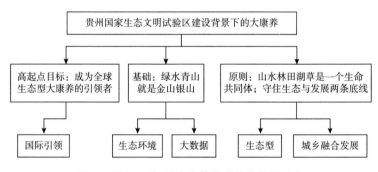

图3 "E+3I"型大康养模式的结构及特点

由于大家对生态、"互联网+"、国际引领这几个概念比较熟悉,这里重点分析"融合发展"概念。

2003年10月,党的十六届三中全会明确提出要"统筹城乡发展",并把它放在五个统筹首位。2012年11月,党的十八大报告又明确提出要"推动城乡发展一体化",形成以城带乡、城乡一体的新型城乡关系。党的十九大报告则明确提出"建立健全城乡融合发展体制机制和政策体系",这是中央文件首次提出"城乡融合发展"的概念,它符合新时代中国特色社会主义的本质要求,也是实施乡村振兴战略,加快推进农业农村现代化的根本保障。

"城乡融合发展"与"城乡发展一体化""城乡统筹发展"是有一些区别的。魏后凯在《农民日报》发文认为，城乡统筹发展强调政府的统筹作用，城乡发展一体化强调一体化目标，而城乡融合发展强调融合互动和共建共享，是实现城乡共荣和一体化的重要途径，其表述更加符合现阶段的发展特征。从"统筹城乡发展"到"城乡发展一体化"，再到"城乡融合发展"，既反映了中央政策的一脉相承，又符合新时代的阶段特征和具体要求。

因此，城乡统筹是一种方法，主要是政府将城市与农村经济社会发展和公共服务进行统筹考虑、全面推进，利用资源互补，优势互补，推动城乡共同发展。城乡一体化是目标和结果，通过统筹城乡发展，最终目的就是要使城乡在经济、社会、公共服务领域达到公平化、均等化。"城乡融合"也是一种方法及路径，但其比"城乡统筹"涵盖范围更广，既强调政府的作用，也重视民众等其他利益相关者的作用，因此，更符合实际，也更具有时代特征。

追根溯源，贵州省发展大康养产业主要目的是利用生态环境优势来发展经济，要发展新经济就需要打破传统的城乡二元制结构，推动城乡融合发展。结合城乡各自的优势，积极引用共享经济等新经济模式，推动共建共享，共同发展。

不难预见，发展大康养，将康养产业上升为全省战略规划中的一个支柱性产业，不仅可以带动旅游、养老、体育和现代特色农业发展，对提升产业集聚效应产生极大的推动作用，而且对于提升贵州形象，打造贵州符号，进行下一轮全国功能区规划调整（国家战略调整）有深远意义。大康养，将为贵州生态文明试验区建设增添绿色发展新动能，促进全省守住生态环境保护和经济社会持续发展的两条底线，切实践行"绿水青山就是金山银山"，"两山"一起建，"两个利益"一起收获。

四　贵州省大康养发展的关键要素及研究路径

构建以生态型、融合发展型、"互联网+"型、国际引领型大康养（E+3I-CH）为主要抓手的生态文明建设模式包含了四个层面，这四个层面都属于贵州省大康养发展的关键要素。本研究的专题安排也主要围绕这四个层面及关键要素展开。

层面一：发展大康养产业的基础条件，包括生态文明建设现状、生态环境保护工作的现状等。专题一及专题二主要研究这方面的内容。

层面二：大康养产业自身发展方向及重点，包括主导产业选择、关联产业发展等。专题三及专题四主要研究这方面的内容。

层面三：利用发展大康养产业有利条件，推动生态环境资源释放生态红利，特别是要积极推进生态扶贫与生态脱贫工作。专题五及专题六主要研究这方面的内容。

层面四：大康养产业发展的保障措施，包括政策法规建设与行政管理体制改革等。专题七及专题八主要研究这方面的内容。

具体研究在各专题有详细的论述，参见图4。

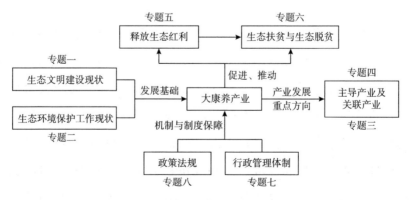

图4　大康养产业建设重点

五 基于生态文明建设的大康养发展模式建设重点与体系

在生态文明建设背景下，发展大康养产业需要紧紧围绕着"生态文明"这一核心。生态文明建设为发展大康养产业提供了有利的基础，反过来，大康养又是生态文明建设的重要抓手，发展大康养产业有利于推动生态文明建设。

贵州省发展大康养产业需要从社会、经济、资源、环境、技术、政治等多个方面着手，对于建设的重点领域，可以从两个角度进行关注。

第一个角度是从"E + 3I – CH"（生态型、融合发展型、"互联网 +"型、国际引领型的大康养）的格局着手，关注一些重要问题（见图5）。

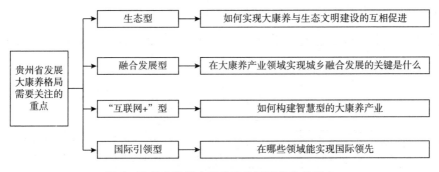

图 5 贵州省发展大康养产业需要关注的重点

第二个角度是从与大康养产业发展相关的四个层面着手，发现并解决一些关键问题（见图6）。

围绕上述大康养发展建设重点，贵州省需要加强六大体系建设，一是科学规划体系，以规划为引领，分步实施，优化空间格局，做大做强康养产业，促进可持续发展；二是环境资源保护体系，包括贵州省生态安全屏障的建设、蓝天碧水净土等环境保护行动，以及历史人文社会环境资源的保护等；三是特色产业体系，培育和壮大生态驱动型的康养相

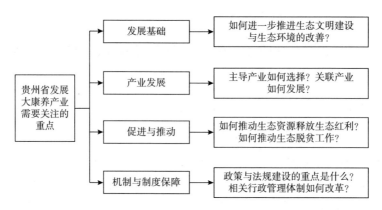

图6 贵州省发展大康养产业需要关注的重点

关产业，促进多产融合、多层次的融合，多产业链的对接与延伸；四是动能体系，通过制度的创新、市场的培育、科技的发展、生态的修复等发展新动力体系，释放或放大生态红利；五是配套服务体系，包括交通、物流、基础设施、支撑产品、智能平台等系统的建设；六是推进保障体系，主要包括有组织领导、统筹协调、标准化建设、目标管理及考核等（见图7）。

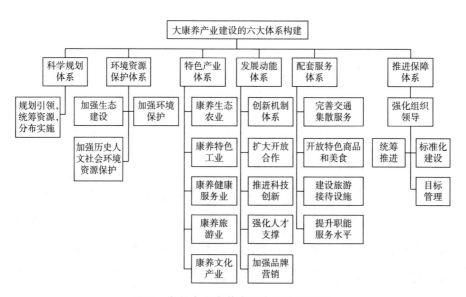

图7 贵州省大康养产业发展体系建设

本课题研究的相关专题分析对上述这些问题进行了分析与解答，同时，也提出了一些政策建议，这里不再赘述。

六 相关政策建议

（一）提升大康养战略定位

（1）明确战略定位。康养产业覆盖面广、产业链长，涉及医疗、社保、体育、文化、旅游、家政、信息等多方面，可以成为促进经济转型的重要抓手和实现可持续发展的重要支撑，亦是扶贫攻坚的重要抓手。大力发展康养产业对扩内需、促就业、惠民生等具有重大的现实意义，也是积极应对人口老龄化、满足"健康老龄化"巨大刚性需求的长久之计。建议贵州在《国家生态文明试验区（贵州）实施方案》的基础上，明确大康养格局、康养产业的战略地位，统筹规划、统一部署。

（2）完善政策体系，抓好政策督促落实。国务院已出台了《关于加快发展养老服务业的若干意见》和《关于促进健康服务业发展的若干意见》。康养产业顶层设计基本完成。建议贵州省进一步完善康养产业政策体系，研究出台产业子领域专项政策，将其与贵州扶贫攻坚、绿色发展、大数据等融合起来，督促政策落实、落地。以科学规划为先导，指导地方结合实际进行发展规划，加大政策支持力度；以设立健康产业投资基金为引导，广泛吸引社会资本投资；以生态环境为依托，以中医药服务为特色，鼓励自然环境优越地区先行先试；以医疗资源为保障、以规范标准为基础，推进医疗机构与养老机构的融合，积极探索"医、老、旅、养结合"新路子、新标准。

（二）积极探索融合式发展模式

（1）推动城乡融合发展。蓝天是共享的，大气也是共享的，生态文明建设需要城乡融合式发展。融合式发展关键是共建共享，要积极推动共享经济等新经济模式在生态文明建设及大康养产业发展中的应用。

（2）促进相关多产业的深度融合。充分发挥贵州乡村各类物质与非物质资源富集的独特优势，利用"旅游＋""生态＋"等模式，推进农业、林业与旅游、教育、文化、康养等产业深度融合。精准定位区域康养主导产业和服务产品，康养可以催生一系列新型业态和产业链，成为新时期经济突破发展的一种新引擎。可以利用自然资源或人文资源，从休闲养老、民俗旅游、慢病疗养等角度单项突破，并延伸发展与康养相关的中药、养生、运动、有机农业等产业，实现"康养＋农业""康养＋工业""康养＋旅游""康养＋医疗""康养＋运动"等特色产业和康养产业融合互动局面，将多元化、多层次、全链条的大康养做细做强。

（3）推动区域融合。在高铁等快速交通模式日益普及，智慧技术应用范围日益广泛的背景下，传统的产业发展面临的区域障碍将被逐步打破。在这种背景下，贵州省应提出"泛区域大康养"的概念，打破省域概念，推动各区域优势互补，实现区域合作共赢。

（三）发展有鲜明贵州特色的大康养产业

贵州省要做大做强大康养产业，必须结合自身的优势，走扬长避短之路。贵州有着丰富的生态、人文资源，同时，智慧技术也积聚竞争力，这些资源要素都为贵州省建设有贵州特色的大康养产业提供了有利条件。

（1）"生态"应成为贵州省大康养的"名片"。生态文明建设已成为贵州省的重要名片，构建生态型的大康养产业，贵州省既有基础，也是同全国其他区域相比为数不多的优势区域之一，显然，需要重点利用这一优势。

（2）"智慧"应成为贵州省大康养鲜明特色。自2014年"贵州大数据"元年以来，贵州省把发展大数据作为"守底线、走新路、奔小康"的重大战略选择，在全国率先探索，形成了先行优势。贵州省的大数据建设不仅为智慧贵州建设提供了有力的支持，也为贵州省的大康养产业发展提供了有力的支持。因此，贵州省发展大康养产业也需要同大数据建设密切结合起来。推动智慧技术在大康养产业中的应用，需要结合智慧城市建设，构建完善的智慧大康养产业发展机制。其中，重点是构建智慧大康养平台。

（3）"国际化"应成为贵州省大康养标签。贵州省要做大做强大康养产业，就必须坚持全球化发展模式，坚持打造国际化品牌。从产业发展伊始，就立足于国际化的标准及范式，坚持高标准、严要求，这样才能实现"国际领先"的目标。

（4）依托特色小镇建设，打造有各自特色的康养小镇。特色小镇的主要特点就是"独特"，结合各个有特色的小镇发展的大康养，自然也容易形成各自的特色。这样有利于防范特色小镇不"特"、房地产化等问题。

（5）积极利用三线建设遗产，激活和均衡化配置优质资源。目前，贵州省很多原来的三线企业都是空壳，存在很大的资源浪费问题。应通过与国家的资源疏解战略结合，提升和强化军民融合战略，激活三线遗产。对这些三线资源的再开发利用，不仅有利于打造有特色的大康养产业，也有利于盘活资产，把国家的相关高端资源引入过去，从而推动地方经济的均衡发展。

（6）创新引领应成为贵州省大康养产业又一特点。要鼓励科技创新，促进高科技产业与康养产业的融合，改造提升传统健康产业，创新发展数字健康、远程医疗、基因检测等新兴健康产业。同时，要产业服务创新，促进健康产业由以医疗保健为主向健康管理为主转变，衍生出多样化、多层次的健康服务业，形成适合中国国情的康养服务发展模式。

（四）创新相关体制机制

大康养产业发展机制主要由相关政策法规及伦理道德构成，又可分为激励机制与约束机制、行政管理机制与市场机制等。贵州省发展新兴产业——大康养，需要围绕大康养，完善相关体制机制，促进贵州省的生态文明建设。

1. 政策法规与伦理道德方面

我国大康养产业法规不完善，相关标准体系滞后，出现了一定程度的医疗信任危机，食品安全、保健品过度宣传等问题，导致消费者对中国健康产业的信心不足。因此，修订产业结构调整指导目录和政府核准投资项目目录时，要强化对健康产业的引导和支持。同时，出台并完善健康产业政策法规，完善社会组织建设，鼓励和支持行业协会制定和推行行规行约、技术标准、从业培训等，指导和规范产业发展。明确产业扶持政策以及财税、金融、土地、环保等方面的配套支持。对于贵州省来说，建议加强以下几方面的政策建设。

（1）制定康养产业规范和保障机制。及时制定支持大康养产业发展的政策措施，从产业发展、规划、投资、税收优惠等方面加强顶层设计，出台支持大康养产业发展的政策措施，促进大康养产业健康快速发展。如，利用大数据分析，制定中国人群亚健康管理及服务技术标准，加强对健康产业落地创新支持、自主知识产权的认定与保护机制、制定健康产业人才引进的优惠政策等。制定养老税收抵扣政策，鼓励家庭养老的投入，促进健康消费。

（2）建立适应大康养产业新模式的长效机制。针对大康养产业出现的新模式、新变化，在积极执行已有相关政策法规的基础上，持续加大相关政策及规划的建设力度，以推动新经济模式下的大康养产业发展的法制化、科学化、长效化。

（3）围绕"两型两化"出台规划或工作综合方案。鉴于"两型两化"（生态型、智慧化、诚信型、国际化）对贵州省大康养工作的重要性，建议结合"两型两化"建设出台规范的政策文件或者产业发展规划。

（4）严格执行和落实相关的大康养政策法规。目前，国家、贵州省已有一些大康养方面的政策法规，推动大康养工作的一个重点是认真落实这些政策法规。

（5）规范贵州省大康养政策评估机制。贵州省为推动大康养产业发展制定了很多政策、标准，但这些政策、标准在实施过程中效果到底如何，贵州省缺乏专门的评估小组去做相关工作，针对这样的问题，建议建立贵州省大康养政策评估机制。

在伦理道德方面，重点是完善大康养领域的诚信机制。没有完善的诚信机制，就没有健康的市场，也没有大康养产业的可持续发展。

当前，阻碍大康养这一朝阳产业健康发展的最大障碍是诚信匮乏。不少健康、康养旅游等企业打着免费体验、听讲座、赠送旅游等幌子，实则是为了卖产品，忽悠老年人、欺骗游客，一锤子买卖，"诚信"问题已成为康养产业发展的"拦路虎"，是当前中国康养产业发展面临的最大危机。贵州省大康养产业要想可持续发展，首先就要建立完善的诚信机制，使社会各界对贵州省的大康养产业充满信任。

2. 行政手段与市场机制方面

在行政管理机制方面，建议加强以下几方面的工作。

（1）重视相关规划的制定与引导。在大康养产业发展方面，要避免"头痛医头，脚痛医脚"的被动行为，关键是要做好规划。贵州省应针对大康养发展模式已经发生变化的具体情况，及时调整有关的大康养产业发展规划。

（2）加强各管理部门的沟通、协调及整合。大康养产业涉及多个部门，相关管理也由多个部门参与。要构建新型的大康养产业发展机制，就需要各个部门之间的共同努力，加强各部门之间的沟通与协调就成为提升管理效率的重要因素。

建议成立专门的大康养产业管理协调机构。该机构的主要工作是加强多个部门之间的沟通协调，同时，制定综合性的相关产业政策。

在健康产业的热潮下，许多地方与企业都提出了雄心勃勃的投资计划，无序开发、重复建设等现象比较突出。因此，贵州省应当尽快加强统一的行业管理，构建科学的康养产业体系和产业布局结构，使康养产业成为拉动内需的新增长点和产业结构升级的重要方向。

（3）完善大康养聚集区的发展机制。不同类型的大康养产业聚集区采取不同的发展重点；推动大康养产业聚集区完善园区规划；健全大康养产业聚集区评价及激励制度；积极利用大康养方面的新理念、新方法、新技术；打造生态型、智慧化的大康养示范区；加强大康养聚集区间的国际合作。

（4）推动体制的对接。借鉴京津冀一体化的一些做法，以及重庆、珠三角、湖南等地的做法，实施医疗、交通、公路的一卡通，首先推动省内各城市的"一卡通"，进而逐步推进与其他省市的"一卡通"。

（5）完善对口机制。发展大康养，需要与市场对接，特别是要与重庆、珠三角等地的高端市场对接，形成定向招商引资与信息传播机制。同时，要完善帮扶机制，推动区域的协调发展。

（6）完善准入机制。坚持以生态文明建设为基础，发展生态型、智慧化、诚信型、国际化的大康养产业，针对污染较大、诚信缺失等问题的企业，制定准入门槛，或制订关停并转计划。

（7）完善大康养技术的创新与应用机制。利用新大康养替代传统健康模式是大康养产业发展机制的重要内容之一。大规模推广应用新大康养技术的关键障碍之一是成本高、疗效不足，要降低新大康养成本，关键是要通过技术创新来实现。要推动新大康养技术的推广与应用，也需要完善的机制来保障。

在市场机制方面，应充分发挥民营资本的主导作用。我国提出的"健康中国 2020"战略规划明确指出，要发展健康产业，满足多层次、多样化卫生服务需求。有了政策的支持，以及民间资本对市场天生的敏感性和灵活性，未来，民间资本将会逐步成为大康养产业的主导力量。但另一方面，在民营资本积极进入大康养产业的过程中，也暴露出一些问题，如诚信危机和商业模式落后等，已经成为制约其发展的瓶颈。

"十三五"期间，贵州省应把大康养产业发展机制的重点转向市场引导方面。通过创新资产转让、合资合营、确权等市场机制，充分发挥民营资本的主导作用，同样，也要进行规范与引导，以利于大康养产业的健康发展。

3. 激励机制与约束机制方面

在激励机制方面，建议加强以下几方面的工作。

（1）成立大康养产业发展专项资金。统筹和协调相关部门成立大康养产业发展专项资金，专门用于扶持开展健康管理、健康咨询、新医药制造、医疗研发、保健食品药品等相关大康养产业，保证大康养产业的可持续发展。

（2）鼓励相关行业加大对大康养产业人才的培养和培训力度。鼓励贵州省内高等院校根据大康养产业的发展形势，及时开设与大康养产业有关的专业，为大康养产业培养紧缺人才，提供智力和人才支撑；有关部门应加大对大康养产业从业人才的培训力度，为大康养产业培训合格的管理及技能人才。

（3）完善大康养产业领跑者制度。结合国家有关行业的领跑者制度，出台一些相关政策，构建贵州省大康养产业的领跑者机制。

（4）重视发展空间激励手段。对于小企业来说，财政补贴等资金支持手段属于最重要的激励手段，但对于规模较大的大康养产业来说，发展空间的激励则往往更具激励性。

（5）鼓励使用环保型的终端产品。结合国家有关部门出台的环保型产品目录，通过列入政府采购名单、给予补贴等措施，鼓励大康养产业积极使用绿色环保的终端产品。

在约束机制方面，建议加强以下几方面的工作。

（1）生态环保及诚信应成为大康养企业准入或退出的重要指标。在企业进入时，应把生态环保、诚信作为最重要的门槛标准；在企业退出机制方面，对于那些生态环保、诚信二者之一达不到最低标准的大康养企业，应限期整改，直至退出。

（2）完善市场监督机制。在大康养产业发展的初期，就建立完善的市场监督机制，为贵州省的大康养产业营造良好的信誉。相关约束及监督机制可借鉴旅游产业。

（五）为大康养提供有力的智力支持

（1）建立康养智库，提供智力支撑。包括思想体系——健康是人生最宝贵的资产，而不只是个人的资产，也是社会的资产，维护健康是一种社会责任。健康投资是回报最大的投资。把健康投资作为个人支出的重要组成部分，把健康投资作为提供公共产品、扩大内需、拉动发展最直接的增长点。把全民健康作为社会发展的目标之一，构建健康型家庭、健康型社会。健康体现一种人文精神，体现了文明进步的程度。建立康养智库，为贵州省大康养的发展提供咨询和决策服务。例如，改革教育体系——要把健康教育列入学校常规教育，让健康知识走进课堂，走进教科书；要积极开展社会健康教育，全民普及健康知识；还要充分体现它的持续性，使人终身能够接受健康教育；更要充分体现它的科学性，传播准确、先进的健康知识和信息。产业体系——发展以治疗疾病及维护生命安全为目标的产业，如医疗设备、医疗卫生、制药产业、养生养老。发展以延缓衰老、防范疾病、维护生命健康为目标的产业，如保健品、功能食品、安全用水、健康饮品、休闲旅游等。发展与健康环境相关的产业，如环保产业、资源产业等。服务体系——不断完善公共健康服务，营造全民参与、共同受益的公共卫生环境和生活环境；不断完善健康保健专业服务，包括医疗预防、预警服务，健康专业体检，社会健康与个性健康管理服务；不断完善健康信息服务，包括健康文化、健康传播。

（2）加强人才培养，确保人才支持。人才亦是康养事业发展十分重要的条件。当前，贵州发展大康养，急需的专业人才极为匮乏，直接制约了康养产业的发展壮大。要建设康养平台，强化人才支撑。

一是依托贵州省高校旅游、医护专业优势，大力开拓高校教育和科研基地、中等职业教育和培训基地、国家级康养研究基地、全国性康养讲坛建设，逐步打造具有影响力的、面向全国的休闲康养教育培训产业，构筑高层次的休闲养生科研教学平台，培养高素质的康养服务人才。二是出台一系列吸引人才的政策措施，创新人才引进机制，吸引休闲、养生、医疗、大数据等领域的一流专家和权威机构进驻贵州，搭建人才招聘的平台、人才引进和招募基地，吸引高层次人才前来贵州居住、工作与创业，为休闲养生养老人群提供理论指导，提升贵州省康养活动的层次和产业发展的科技含量。

（3）加大对生态环保科技领域的投入。发展大康养以后，绿色生态类的蔬菜、粮食将面临紧缺，需要加大相关科技投入和研发投入，提升生态产品的生产能力，保障供给。

（4）加强人才培养方面的区域合作，与优质科技、教育、文化对接。建立专业化、高水平的科技中心，吸引著名的高校以多种模式进入贵州。如，浙江是两山论的发源地，贵州是两山论的检验地。浙大以前在湄潭，同贵州有渊源；同时，浙大在康养人才培养方面有优势，因此，应积极争取在贵州设一个浙大贵州校区。

（六）设立康养产业综合发展实验区

（1）设立康养产业综合发展试验区。为更好地促进贵州省康养产业发展，建议在贵州选择一些先行地区，作为康养产业综合发展的实验区，赋予实验区一些先行先试的相关政策，形成以区内优势产品和服务为龙头的产业集群，为实现贵州省大康养的发展格局探索路子、积累经验，推动贵州省国家生态文明试验区的扎实建设。

（2）依托项目，加强国际合作。通过一些项目，加强国际合作，一是可以引进一些绿色低碳技术；二是可以引入社会资本，增加融资；三是可以宣传品牌，吸引更多国内国际消费者，促进大康养可持续发展。

贵州生态文明建设已经按下了"快进键"。可以预见，在大康养的发展格局引导下，贵州省绿色发展增添了新的动能，坚持人与自然和谐共生，加快生态文明体制改革，一个天更蓝、水更清、山更绿、看得见星星、听得见鸟鸣的"多彩贵州公园省"正渐行渐近。

第一章

贵州推进国家生态文明试验区
建设现状、问题与挑战

一　贵州推进国家生态文明试验区建设现状

从所掌握的理论文献和实际工作状况来看，贵州生态文明建设起步早，政策措施和各方面建设力度较大，虽然还存在一些问题和不足，但是取得的成效较为显著，走在全国前列。

（一）国家相关政策支持和批准试点情况

贵州山川秀丽、资源富集、气候宜人、民族文化多元，具有良好的生态资源，守住生态和发展"两条底线"是贵州发挥后发赶超优势，走百姓富、生态美的科学发展之路的必然选择。在支持贵州省大力推进生态文明建设，帮助贵州努力走出一条百姓富、生态美的生态引领型绿色赶超之路方面，多年以来，中央层面给予了很大的支持和关心。

早在 1988 年，经国务院批准，贵州毕节就率先建立了"扶贫开发、生态建设"实验区，着力解决人口、生态与贫困之间的矛盾问题。

2009 年 6 月，环保部将贵阳列为全国生态文明建设试点城市。

2012 年，国发 2 号文件明确将贵州作为"两江"上游重要生态屏障建设的战略。贵州抓住这一历史机遇，坚持以生态文明理念引领经济社会发展，实现既提速发展，又保住青山绿水、碧水长流、蓝天常现，并把生态环境质量作为同步小康创建的核心指标之一。

2014 年 6 月 5 日，国家发改委等六部门联合批复《贵州省生态文明先行示范区建设实施方案》，标志着贵州建设中国生态文明先行示范区正式启动，贵州成为继福建之后第二个以省为单位的全国生态文明先行示范区。该方案提出的奋斗目标是：到 2020 年，与全国同步建成小康社会，生态文明理念深入人心，符合主体功能区定位的开发格局全面形成，产业结构更趋合理，资源利用效率大幅提升，生态稳定性增强，人居环境明显改善，生态文化系统基本建立，生态文明制度体系基本形成，绿色生活方式普遍推行，全面完成生态文明先行示范区建设各项目标，使贵州成为资源能源富集、生态环境脆弱、经济欠发达地区转型发展和绿色崛起的先进典范。

构建国家公园省是贵州实施生态文明建设总体战略的重要组成部分，也是持续推进生态文明建设的有力杠杆、重要抓手和重要功能性载体。作为我国唯一一个提出"国家公园省"战略的省级行政区，贵州早谋善动，积极部署。在党的十八届三中全会提出"严格按照主体功能区定位推动发展，建立国家公园省体制"的号召后，贵州结合《贵州主体功能区规划》，将其中的重点生态功能区、禁止开发区、农产品主产区纳入贵州省"国家公园区"，在体制机制方面大胆创新，努力探索构建契合贵州省情的多彩贵州国家公园省发展模式。

2016 年 8 月，中共中央办公厅、国务院办公厅印发了《关于设立统一规范的国家生态文明试验区的意见》。贵州获批西部地区唯一的国家生态文明试验区。这是继国家大数据（贵州）综合试验区、贵州内陆开放型经济试验区之后，近年来贵州省获批的第三个试验区。随后，贵州全省上下积极投身到加快建设国家生态文明试验区的行动中，精心组织编制国家生态文明试验区实施方案。2017 年 10 月，《国家生态文明试验区（贵州）实施方案》获中央批准。

党的十九大，吹响了全面建设生态文明的集结号，贵州生态文明各项事业也走进了新时代。顺应人民群众对美好生态环境的期待和要求，贵州生态文明建设领域各项事业呈现蓬勃发展的良好势头。

（二）贵州省自身开展生态文明建设取得的成就

上文提到的贵州省获得中央层面的各类政策支持，包括重要的试验区、示范区、试点城市，也能从一个侧面说明贵州长期以来在生态培育、环境保护等生态文明建设领域所取得的进步。应该说，贵州之所以能够在生态文明建设方面获得国家层面的多方面政策支持，并先后获批展开多个重量级的国家试验试点方案，除了贵州生态环境脆弱与其自身经济发展之间的压力矛盾、作为两江上游生态屏障的重要生态区位特征，以及其在多重压力下脱贫奔小康对全国同步小康的战略意义外，贵州全省上下不畏艰难、解放思想、拼搏进取的持续努力，也起了很大的作用。

1. 省委省政府努力探索一条生态引领型的成功发展道路

20 世纪 90 年代初，贵州确立了可持续发展战略，旨在正确处理好人口、资源与环境之间的关系，开启了探索绿色发展和生态引领型科学发展之路的征程。

1999 年，贵州出台《关于加强林业建设改善生态环境的决定》。进入 21 世纪，为抢抓西部大开发战略机遇，贵州大力推进以退耕还林为重点的生态建设，为经济社会可持续发展夯实良好的生态环境基础。长期以来，贵州全省基本上处于一个深受现代侵蚀和剥蚀的蚀源区，在自然植被未遭到破坏时，尚能保持水土以维持生态大体平衡，然而，自然植被一旦遭受破坏，就会使水土严重流失。此外，在贵州大多数土地的基岩是碳酸盐岩的情势下，土壤一旦流失就难以恢复，因而，这种"双重"不利的地理条件，带来自然植被破坏引发生态环境严重受损，并难以恢复的恶性循环局面，进而威胁经济社会发展乃至影响贵州人民正常的生产生活。如此看来，大力推进以退耕还林为重点的生态建设，为贵州经济社会可持续发展夯实良好生态环境基础的意义是很大的。

2004 年，贵州省委九届五次会议确立了生态立省的发展战略，明确提出要把"生态立省"作为"十一五"期间经济社会发展的四大战略之一加以实施。2006 年，省政府做出了《关于落实科学发展观加强环境保护的决定》，提出了加强生态保护和建设的若干举措。

2007 年 4 月，贵州省第十次党代会在"生态立省"的基础上，又确立了"环境立省"的发展战略。党的十七大以后，全省上下深入贯彻落实科学发展观，不断树立"保住青山绿水也是政绩"的发展理念。省委十届二次全会特别强调，必须牢固树立生态文明观念，强化保住青山绿水也是政绩的理念。

2012 年 4 月，贵州省第十一次党代会对生态文明建设做出适应时代要求的新部署，提出"必须坚持以生态文明理念引领经济社会发展"。党的十八大将生态文明建设上升为一项基本国策后，贵州省委省政府与时俱进，又确立了"既要绿水青山，也要金山银山"的发展理念，提出打造生态文明建设先行区、严守发展与生态两条底线的发展思路和战略构想，积极申报并获准成为全国第二个省级生态文明先行示范区。进一步探索在生态环境脆弱的西部地区，努力实现经济社会发展与生态环境保护双赢的可持续发展之路。

2. 省市县生态文明建设的规划制定和实施情况

贵州在这方面，最有代表性的进展是，2013 年编制《贵州省创建全国生态文明先行区规划（2013—2020 年）》。2013 年 1 月 9 日，贵州省第十二届人大常委会第六次会议审议《贵州省生态文明建设促进条例（草案）》。

贵州省的一些市县也积极谋划，制定促进生态文明建设的相关规划。例如，贵阳作为贵州省会，多年来奋力保护好生态环境，坚持不懈地探索"既要金山银山，又要绿水青山"的可持续发展、科学发展之路。制定了全国第一个生态文明示范城市规划。贵阳把生态文明建设作为区域整体发展战略全面深入地推进，探索形成了"国家战略—区域战略—部门落实—全民参与"的区域实践，凸显了大智慧、大觉悟、大思路、大举措。

行业性的专项规划方面，贵州省也取得了较好的成绩。2011年贵州省发布《贵州省"十二五"节能减排综合性工作方案》，2012年12月，贵州省公布了《"十二五"节能环保规划》。2013年发布《贵州省"十二五"发展循环经济和节能减排专项规划》，把加速发展、加快转型、推动跨越主基调贯穿于"十二五"发展循环经济和节能减排工作的全过程。2016年8月，贵州省林业厅制定了全省生态建设规划。

水土流失和石漠化治理是贵州省生态文明建设的一项基础性工程。贵州省专门出台了《中共贵州省委、贵州省人民政府关于加快推进石漠化综合防治工作的意见》《贵州省岩溶地区石漠化综合治理规划》《贵州省石漠化综合防治示范县（市）实施方案》三个重要文件。在全国确定的100个石漠化综合治理试点县中，贵州省有55个县被纳入全国石漠化试点县的范围，为加快解决石漠化问题提供了难得的历史机遇。

3. 省市制定的生态文明建设相关制度和政策情况

要"像保护眼睛一样保护生态环境，像对待生命一样对待生态环境"。多年来，贵州省通过积极构建系统完备的生态文明制度体系，夯实了奋力保护生态环境、全力建设生态文明的制度基础。

过度开垦和滥砍滥伐，曾经造成贵州本来就脆弱的喀斯特地理环境危机四伏。贵州省水土流失面积、石漠化面积一度分别达到全省面积的31.4%和17.2%。为缓解并治理严峻的生态危机，贵州早在

1999 年就制定了《关于加强林业建设改善生态环境的决定》。2013 年，贵州天然保护林、退耕还林、石漠化治理等生态工程实施进一步加快。2014 年，贵州省从林业部门着手，出台了《贵州省林业生态红线划定实施方案》，共划定 9 条生态红线，红线区域面积为 9206 万亩，其中，林地 8891 万亩、湿地 315 万亩，为冲出"经济洼地"、夺取"双赢胜利"创造了良好的前提条件。目前，一个有利于守住两条底线、建设两座山、收获两个效益的生态文明"四梁八柱"，已初见雏形。

在加快构建两江上游生态安全屏障、扎实推进生态保护与建设的指导方针下，贵州省 2012 年出台《关于加快创建全国扶贫开发攻坚示范区的实施意见》，明确提出建立生态补偿、赔付和监督机制。

2015 年 4 月 4 日，《贵州省生态环境损害党政领导干部问责暂行办法》和《林业生态红线保护党政领导干部问责暂行办法》经省委常委会和省政府审定通过并发布施行。

2017 年 10 月，《国家生态文明试验区（贵州）实施方案》获批。为贯彻落实党中央、国务院关于生态文明建设和生态文明体制改革的总体部署，推动贵州省开展生态文明体制改革综合试验，建设国家生态文明试验区，根据中共中央办公厅、国务院办公厅印发的《关于设立统一规范的国家生态文明试验区的意见》，贵州省制订了契合省情的生态文明建设实施方案。

4. 贵州省内专家学者对生态文明建设的理论发展概况

"干起来"，首先要"论起来"。围绕贵州国家生态文明先行示范区、生态文明试验区建设，以及生态引领、绿色赶超的可持续发展战略，贵州全省理论界人士积极行动起来，站在全球和国家视野，结合省情市情，研究有利于促进全省生态文明建设的政策措施、法律制度，并通过攻克生态文明建设领域的一些理论难点，发展了一些有价值的理论创新成果和政策观点。例如，提出将绿色化与本省新型工业化、农业现代化、新型城镇化、信息化统筹实施、系统推进的"五化发展新路径"。

出版专著多部，例如，贵阳市社会科学界联合会和贵阳市社科办组织编写的《贵阳建设生态文明城市研究》。贵州省社会科学院编写的《坚持科学发展建设生态文明》。徐静、王礼全等所著的《开发保护崛起——西部大开发与民族地区生态资源的保护》。北京大学生态文明研究中心和贵阳市教育局共同组织编写的《贵阳市生态文明城市建设读本》。

在学术期刊和重要报纸发表论文超过百篇。例如，《基于生态文明的城市化发展模式研究》《论科学发展观与生态文明建设》《构建促进民族地区生态文明建设的产业结构体系——以务川县为例》《生态文明建设要避免十大误区》《生态文明发展战略区域实现途径研究》《区域生态文明及其产业实现机制》。还设立批准了一些生态文明主题类的基金课题，例如，"贵州省生态文明建设指标体系研究""石漠化地区少数民族地区生计问题研究""贵州省黔东南生态文明示范区建设研究""大力推进生态文明建设与实现贵州省经济社会历史性跨越"等基金课题，由贵州省社会科学院与贵州财经大学专家合作研究。

这些论著和基金课题报告，或从全省，或从某个市县，或从某个行业领域，运用经济学、管理学、生态学、环境学等学科方法论，提出了促进全省和各市县、各有关行业领域生态文明建设有效推进的政策措施，有些论著甚至对生态、生态文明、生态环境等基本概念的含义率先进行初步解读。这都为贵州省加强生态文明建设，逐步探索和找到一条生产发展、生活富裕、生态良好的科学发展之路，提供了理论指导和政策启示。

5. 生态文明建设的区域探索以及各市县各行业开展生态文明建设试点情况

贵州省整合已经部署开展的贵州省生态文明先行示范区和生态文明建设示范区、毕节开发扶贫生态建设试验区等综合性示范区，以及省级空间规划试点、荔波等国家主体功能区建设试点、黔东南州生态文明示范工程试点、贵阳市等全国水生态文明城市建设试点等各类专项试点示范，将它们统一纳入国家生态文明试验区集中推进，各部门按照职责分工继续推动。

生态文明建设的区域探索之一，即特色模式。其中，有森林之城、避暑之都的贵阳市生态文明城市建设案例；有国酒之乡、绿色红都的遵义市生态文明建设的事迹；六盘水市加强生态文明建设，实现了从煤都到凉都的嬗变；石头城上的生态之花，安顺市生态环境保护和生态文明建设之旅令人鼓舞振奋；森林之州、民族花园，黔东南州生态文明试验区建设成就可圈可点；绿色黔南、放飞希望，黔南州生态文明建设也有特色经验；水墨金州、兰香醉人，黔西南生态文明建设写下生动篇章。此外，毕节市积极探索开发扶贫和生态环境保护有机结合的有效模式；号称黔东门户、梵天净土的铜仁市，生态文明建设虽然面临工业化和传统城镇化的挑战，但是也在努力协调好多重矛盾中不断走向健康的发展道路。

生态文明建设的区域探索之二，即基层实践。除了地级行政区域的市州，县级行政区域的县区也按照贵州省委省政府的部署，先后展开本区域生态环境保护等生态文明建设事业。它们是：绿色磷都开阳县、林海杉乡锦屏县、绿色明珠凤冈县和生态画卷沿河县；梵净山水，春光无限的印江县；绿了山林，富了百姓的习水县；山水册页、幸福亨通的册亨县；创建国家级生态市、探索县域经济发展新途径的赤水市；实施工业强县、建设生态家园的息烽县；走生态建设与经济开发相结合的希望之路的石阡县；高原山乡绿色镇远等。

生态文明建设的行业探索与运作。例如，水利部门建设生态水利，促进人水和谐；林业部门加快林业改革发展，推进生态文明建设；畜牧业部门因地制宜发展草地畜牧业；农业部门加强农村沼气建设，推进生态惠民工程；旅游部门则发展生态旅游，建设旅游大省；人口卫生计生部门大力控制人口增长，缓解生态环境压力；环境保护部门在全省干部群众中，部署加强环境教育，推动全社会各阶层共建生态文明。

生态文明建设的企业行动。生态的破损退化、自然环境的破坏，多缘于人类在发展经济的同时却忽略环境保护。由于企业是一国宏观经济和地区整体经济的微观细胞，其对环境的破坏以及相应的治理环境、修复生态的社会责任，自然也就十分重要。贵州省的一些企业在生态环境保护和生态文明建设方面，不甘落后，做出了出色的成绩，向社会交出了满意的答卷。例如，贵州茅台酒厂积极保护环境，倡导全厂上下珍惜资源，从而做强了企业，实现了企业自身的永续发展；盘江煤电集团实施生态立企战略，全力推进绿色发展；中铝贵州分公司创建环境友好型企业，实现了"零排放"后的重新崛起；六盘水市污水处理厂和水钢总排污水建立回收处理系统，让污水变清流；蓝天之下你我他优质空气靠大家，黔西电厂、黔贵发电有限公司环保实施高效运行，等等。

6. 促进全省生态文明建设的法制进展概况

法律是治国之重器，同其他类型的制度相比，法律制度更加凸显其权威性的约束指导功能，因而，在努力搭建系统较为完备的生态文明制度体系的过程中，贵州省特别重视与生态文明建设、生态环境保护相关的法律性制度安排。例如，颁布实施了《贵州省生态文明建设促进条例》，以生态文明领域综合性法规的形式将生态文明建设摆到突出位置。再例如，在全国率先设立环保法庭和环保审判庭，创建了贵州环境审判"贵阳模式"，积累了生态法治的"贵州经验"。另外，2015年1月28日，贵州省十二届人民代表大会第三次会议报告指出，要"以促进环境保护为核心，加强生态文明领域立法，着力构建具有贵州特色的生态文明建设法规体系。"

其他与生态文明建设相关的地方法规有：《贵州省环境保护条例》《贵州省大气污染防治条例》《贵州省赤水河流域保护条例》《贵州省红枫湖百花湖水资源环境保护条例》《贵州省夜郎湖水资源保护条例》等。《贵州省气候资源开发利用和保护条例》《贵州省森林公园管理条例》《贵州省森林采伐限额管理办法》《关于加强石漠化综合防治工作的意见》《贵州省水土保持条例》《贵州省水土整治条例》《贵州省节约能源条例》《贵州省矿产资源条例》《贵州省风景名胜区条例》《贵州省出台饮用水水源环境保护试行办法》《贵州省实施〈中华人民共和国水法〉办法》等。

在生态补偿方面，2012年1月，国务院明确提出要逐步建立生态补偿机制，并支持贵州开展生态补偿机制试点工作。在水生态补偿具体机制建设方面，2012年以来，在红枫湖流域试行水污染防治生态补偿办法，并与世界自然基金会合作在赤水河流域实施以生态补偿、水资源服务付费、参与式管理等为主的流域综合管理项目。贵州省规定，获得补偿的地方人民政府将生态补偿资金纳入同级环保专项资金进行管理，专项用于污染防治、生态修复和环保能力建设，不得挪作他用。在黔东南进行生态补偿示范区建设。在森林生态补偿方面，贵州省制定了《贵州省中央财政森林生态效益补偿基金管理办法实施细则》（黔财农〔2011〕4号），2007年实施地方财政森林生态效益补偿，制定了《贵州省地方财政森林生态效益补偿基金管理办法》。在矿产资源开发生态补偿方面，贵州省人民政府发布了《贵州省矿产资源补偿费征收管理实施办法》和《贵州省人民政府修改废止部分规章的决定》。近日，贵州省政府办公厅印发《贵州省生态损害赔偿磋商办法（试行）》。

作为全国生态文明建设示范城市，贵阳在生态文明法治方面同样走在前列。全国首个环境保护法庭——贵州清镇市人民法院生态保护法庭的法官们，来到息烽县大鹰田非法倾倒工业废渣现场，对案件执行情况进行跟踪回访。此前他们办结的这起案件，是我国《生态环境损害赔偿制度改革试点方案》实施后，地方法院办结的第一起案件。2015年11月7日，在第一次全国法院环境资源审判工作会议上，贵州清镇市人民法院被最高人民法院列为全国"环境资源审判实践基地"。

在立法方面，贵阳市编制全国首部建设生态文明的地方性法规——《贵阳市促进生态文明建设条例》。此外，贵州省还在赤水河探索建立12项生态文明改革制度，为流域生态环境保护提供借鉴。

7. 促进全省生态文明建设的机构改革情况

一个既分工负责又统筹协同的合理的机构体系，无疑可有效地打破生态文明建设中的利益樊篱，减少多龙治水却各行其是、推诿扯皮却不作为滥作为等种种负效应。贵阳市生态文明机构体系建设，在全省发挥了引领示范效应。2012年在"四局四办"职能的基础上，在全国率先建立贵阳市生态文明建设委员会，内设21个处室，生态文明建设局也在一些县区建立。正如前面提到的，贵阳还创建了第一个环保法庭。在有关生态文明行政管理机构建设方面，贵州省还对环保行政管理机构的内设部门进行存量优化，增扩生态文明建设管理力量。2014年以后，在省级层面创建"145"生态环保案件集中审判格局和"三三三"生态检查运行模式，该系列制度创新在全国领先。此外，贵州成立省节能减排领导小组办公室，明确为省政府管理节能的综合工作机构，增加人员编制，内设节能、资源综合利用、清洁生产与循环经济三个业务处室，以及贵州省节能监察总队。

贵州社会科学院成立"贵州与瑞士发展比较研究中心"，就瑞士和贵州在基础条件发展现状和发展历程方面比较，从中找寻同为内陆的山地区域实现现代化和可持续发展的道路，打造东方瑞士。相关研究表明，严格的生态环境保护是瑞士实现可持续发展的坚实保障，采取就地城镇化模式、制定多层次多种类型的城镇发展规划，以及回收资源、发展循环经济是瑞士立国之本，这些经验都值得同为内陆山区的贵州认真加以借鉴。

8. 贵州生态文明建设的教育行动

为贯彻落实国务院《关于落实科学发展观加强环境保护的决定》中"强化青少年环境教育，提高全民保护环境的自觉性"，认真执行教育部《中小学生环境教育专题教育大纲》和《中小学环境教育实施指南（试行）》文件要求，结合教育系统工作实际，贵州教育系统在推动生态文明建设进程中做了大量的、切实有效的工作。全省大中专、中小学、幼儿园及各级教育部门，均把学生生态文明教育列为教育教学工作中的一项重要内容。各校在基础设施建设中，也尽力做好环境保护工作，努力绿化美化校园及周边环境。各学校的绿化、美化、生态建设均提升到了一个新的高度，绝大多数学校实现了花园式建设。不管在农村还是城市，最好的房子是学校，最美、最清新宜人的学习、生活环境是校园，为全省推进生态文明建设做出了应有的贡献。据初步统计：截至 2009 年底，全省大中小学、幼儿园 98% 以上的学校开展了环境教育，环境教育在学生中的普及率达 99% 以上。贵阳市成立了"贵阳市生态文明教育研究中心"，发布《贵阳市生态文明城市建设读本循环使用的通知》，明确要求 2008～2009 学年度，全市中小学四年级以上各年级开设课程，从 2009 年秋季算起，小学四年级、初中一年级、高中一年级开设 1 学年的课程，并明确每周安排 1 课时，每学期 16 课时，每学年 32 课时的教育教学任务。开展多种形式的活动，加强环境保护和生态文明教育。加大学校环境教育工作力度，提高环境教育与生态文明教育的针对性与实用性。学校开展植树造林活动、整治脏乱活动、周边环境治理工作，绿色学校创建活动，校园文化建设阵地。省教育厅与团省委、林业厅 2009 年下发 209 号文件，要求开展"贵州省生态文明教育基地"创建工作。建设生态文明教育基地，是加强生态文明宣传教育、引领全社会了解生态知识、认识自然规律、树立人与自然和谐相处的价值观及促进生产方式、生活方式和消费理念转变的重要途径。贵阳学院建立了生态文明城市建设研究中心、环境保护与动物生态研究所、植物与环境生态研究所。贵阳市还编了《贵阳市生态文明城市建设读本》，并已将其纳入地方小学、初中和高中三个学段的课程，这在全国尚属首例。

9. 发展生态旅游业建设旅游大省

近年来贵州旅游业持续高速增长，融观光、度假和深度文化体验为一体的新型和谐旅游目的地也已初具雏形。作为旅游资源高富集省份，贵州旅游资源分布广、类型多、品位高、保护好。此外，由于旅游开发和游客的涌入，作为旅游资源的自然景观受到破坏、民族文化受到外来文化的同化（即旅游资源变异），如何在积极开发生态旅游资源的同时，规避旅游资源变异，也是当前和今后一段时期贵州旅游发展面临的值得重视的一个问题。

（三）贵州生态文明论坛与相关宣传教育工作

在中央层面的支持和贵州省的共同努力下，贵阳生态文明论坛，成为探讨生态文明建设、生态环境保护规律，并向国内外展现多彩贵州、生态文明贵州的重要窗口，也是促进生态文明建设理念、走生态引领绿色赶超科学发展之路深入人心的重要平台。

2009 年 8 月 22 日，首届生态文明贵阳会议召开，会议主题是
"发展绿色经济——我们共同的责任"。此后，2010 年 7 月 31 日、
2011 年 7 月 17 日、2012 年 7 月 27 日、2013 年 7 月 20 日、2014 年 7
月 12 日、2015 年 6 月 28 日、2016 年 7 月 10 日和 2017 年 6 月 17 日，
生态文明贵阳国际论坛相继召开，并发表了相应年度的《贵阳共识》。
2013 年 1 月，经党中央、国务院同意，外交部批准举办生态文明贵阳
国际论坛，这是我国目前唯一以生态文明为主题的国家级国际性论
坛，不断向世界发出生态文明建设的"中国声音"。

贵阳生态文明论坛，受到国际国内各界的广泛关注，世界组织和
中国领导层官员或亲自莅临参会，或发来贺信，对贵阳率先走生态引
领型的发展之路给予支持和关心鼓励。2011 年 7 月 16 日，2011 年生
态文明贵阳会议开幕，联合国秘书长潘基文发来贺信，全国低碳发展
现场交流研讨会举行。2013 年 7 月 18 日，国家主席习近平在人民大
会堂会见瑞士联邦主席毛雷尔，对毛雷尔来华出席生态文明贵阳国际
论坛 2013 年年会表示欢迎。2013 年 7 月 18 日，国家主席习近平给生
态文明贵阳国际论坛 2013 年年会发来贺信。2013 年 7 月 19 日，生态
文明贵阳国际论坛 2013 年年会开幕，中共中央政治局常委、国务院副
总理张高丽出席会议。2013 年 7 月 19 日，张高丽在贵阳分别会见出
席生态文明贵阳国际论坛 2013 年年会的瑞士联邦主席毛雷尔、多米尼
克总理斯凯里特、汤加首相图伊瓦卡诺和泰国副总理兼商业部部长尼
瓦探隆。2014 年 7 月 11 日，生态文明贵阳国际论坛 2014 年年会开幕，
国务院总理李克强、联合国秘书长潘基文向论坛发来贺信。2015 年 6
月 27 日，生态文明贵阳国际论坛 2015 年年会开幕，联合国副秘书长
兼联合国环境规划署执行主任阿齐姆·施泰纳致信祝贺；中共中央书
记处书记、全国政协副主席杜青林发表主旨演讲。2016 年 7 月 9 日，

生态文明贵阳国际论坛 2016 年年会举行开幕式，中共中央政治局常委、全国政协主席俞正声出席开幕式并发表主旨演讲，联合国秘书长潘基文发来视频祝贺。

作为中国目前唯一以生态文明为主题的国家级国际性论坛，自 2013 年以来，生态文明贵阳国际论坛已经连续成功举办了四届，取得了丰硕的成果，成为国际国内生态文明建设领域的一张亮丽名片。作为中国首批国家生态文明试验区，为了发动全民的力量，形成生态文明共享共建的良好氛围，2016 年 9 月经贵州省人大常委会表决通过，决定从 2017 年起，将每年 6 月 18 日设立为"贵州生态日"。在此期间，贵州省举办 2017 年生态文明试验区贵阳国际研讨会暨"贵州生态日"系列活动，旨在充分展示贵州省实施"大生态"战略行动的发展成效，推动相关建议和项目的落地，为论坛未来举办奠定基础，为生态文明建设做出实实在在的贡献。

正如前文提到的，贵州省有关部门还和国内生态文明研究智库共同编写生态文明教科书，该教科书已经走进中小学课堂，彰显了普及生态文明教育、生态文明建设从娃娃抓起的理念。贵州省也开展了生态文明建设干部培训，并通过多种形式的宣讲活动，让城乡居民感受到生态文明建设对新时期贵州实现新跨越的重要意义。2015 年 6 月 4 日，贵州省政府发布《2014 年贵州省环境状况公报》，全省环境质量总体稳定局部改善，天蓝、地绿、水清、气净的良好生态风貌和格局，展现在多彩贵州的各地。

"生态兴则文明兴，生态衰则文明衰"，贵州全省上下许多干部群众已经基本认识并领会这个格言的深刻含义。然而，贵州人民并不是单纯地就生态环境保护谈论生态文明建设，而是注重将生态文明建设、生态环境保护与发展本地经济有机地结合起来，积极发展资源节约型、环境保护型的生态型产业，发展康养产业就是一个有代表性的例子。2016 年 7 月 10 日，贵州省首届绿博会顺利闭幕，绿博会期间，贵州积极与国内外康养行业优强企业对接洽谈，促成了一批项目合作，与辉瑞投资集团等 38 家企业进行了现场签约，同时还与国药集团、卫材（中国）药业集团、博时资本等一批优强企业达成了合作协议，共签约大健康产业领域项目 182 个、金额 1175.75 亿元。

改革开放的车轮滚滚向前，生态文明建设的潮流浩浩荡荡。勤劳勇敢、智慧奋进的贵州人民，在铸就并发扬"团结奋进、拼搏创新、苦干实干、后发赶超"的贵州精神的过程中，保护了绿水青山等生态环境，同时保持经济高速增长，社会各项事业持续向好，正满怀信心、不忘初心、感恩奋进地走向一条生产发展、生活富裕、生态良好的康庄大道。

二　贵州建设国家生态文明试验区存在的问题

党的十八大将生态文明建设纳入中国特色社会主义事业"五位一体"总体布局，此后，党中央、国务院就加快推进生态文明建设做出一系列决策部署，印发了《关于加快推进生态文明建设的意见》和《生态文明体制改革总体方案》，贵州省也先后获批"国家生态文明先行示范区"和"国家生态文明建设试验区"，较早地持续开展生态文明建设和体制机制创新的探索，取得了一些成就，积累了一些宝贵经验和规律性的认识。然而，在全面推进全省生态文明建设的过程中，贵州仍然存在一些值得重视的问题，其中，既表现为生态文明各领域各环节自身存在的突出问题，也体现为生态建设还没有真正有效地融入经济建设政治建设社会建设文化建设等相关环节和相关范畴中，尚未寻找出牢固守好"发展和生态两条底线"、同步获得经济和生态效益的新产业动能，因而，并未在实践效果上真正走出经济效益和生态效益双赢兼得型的持续繁荣之路。

理论探讨和实践历程表明，如何构建大康养产业体系，依托其作为全省经济持续繁荣、地区财政根本好转的战略性引擎型产业形态，同时实现经济社会发展和生态环境优良，完成到 2020 年全省与全国其他省市同步达小康的战略任务，贵州生态文明建设仍面临艰巨的挑战。

（一）影响群众生活乃至威胁生命安全的生态文明建设问题

小康不小康，健康可谓关键一桩。多年来，贵州省重视推进生态文明建设，并努力将其与适应经济发展进入新常态，推动经济结构转型和跨越发展有机结合起来，但是，由于相关的法律法规以及政策体系等建设滞后，加上一些客观条件的制约，诸多领域生态环境问题突出，影响乃至威胁到人民群众的生活质量以及身体健康。

1. 水环境问题突出成为大康养产业发展的一大障碍

我们知道，水是生命之源和健康的基础，然而，由于保护措施不到位，主体责任落实不到位，贵州省一些市（州）县本来优质的水源，质量反而明显下降，从而影响甚至威胁到人民群众的生活乃至生命安全。例如，贵阳市每天有超过 40 万吨生活污水排放进入南明河，南明河流经贵阳市区后水质由 Ⅱ 类降为劣 Ⅴ 类。贵阳作为省会，在水源保护、水质安全等方面，似乎并没有成为全省的标杆和榜样。作为贵州第二大城市的遵义市，城区大量生活污水溢流进入湘江河，湘江河打秋坪断面水质由 2015 年的 Ⅲ 类也逐步降至 2017 年第一季度劣 Ⅴ 类。再例如，流域沿线磷石膏渣场渗漏排放严重，导致乌江、清水江流域总磷污染问题较为突出。2017 年第一季度，乌江干流沿江渡、大乌江镇、乌杨树断面总磷浓度分别同比上升 20.2%、26.0%、

44.1%，清水江干流旁海断面水质由 2016 年同期的Ⅱ类下降到Ⅳ类。需要指出，通过更加有力的法律和政策措施，确保全省水质合格乃至优良，进而持续保障全省人民的生活用水安全健康，对贵州省有关领导部门来说无疑是一个不小的挑战；而贵阳作为全省省会，是经济、政治、科教文化等中心城市，在水源保护、水质安全等方面，是否能够成为全省的标杆和榜样，则是贵阳市政府有关部门面临的一项严峻任务。

2. 一些地区重金属污染问题严重而威胁到民众的健康

铜仁市拥有梵天净土的美誉，民族文化底蕴深厚，多彩多姿，文化旅游资源丰富，每年都吸引大批的中外游客趋之若鹜。然而，在推进工业化、城镇化进程中，近年来铜仁市重金属污染问题变得十分突出。例如，全市 25 座历史遗留汞渣库仅 7 座建有渗滤液收集处理设施。全市 35 座锰渣库多数防渗措施不到位，导致该县 10 个渗漏渣场锰渣不能及时转移，进而对松桃河水质造成污染。

前面已经谈到，水对民众生命安全和生活健康的极端重要性，贵州一些地区重金属污染水源的问题，需要引起高度重视并采取强有力的制度安排，彻底破解。

3. 污染物乱排放、垃圾未得到有效处理和基础设施建设不足制约康养产业发展

六盘水市旗盛煤焦化公司违反产业准入政策"批大建小"，污染防治设施简陋，污染物超标排放问题严重。毕节市赫章县城生活垃圾填埋场因污染扰民等问题于 2011 年 11 月停运，此后 20 余万吨县城生活垃圾临时堆放，无任何污染防治措施，严重污染周边环境。

"十二五"期间，全省应新增污水管网 6205 公里、新增污水处理能力 165 万立方米/日，但实际仅新增污水管网 2557 公里、污水处理能力 124 万立方米/日，导致部分生活污水直排现象突出。全省 107 个省级及以上工业园区有 33 个依托城镇生活污水处理厂处理废水，其中 13 个因管网未建而无法正常运行；已建成污水集中处理设施的 82 个园区，因配套管网建设不到位，有 42 个不能正常运行。特别是，即使有中央支持的专有资金，也还有未被用来建设基础设施，支持生态文明建设的情况。

污染物乱排放、垃圾未得到有效处理和相关基础设施建设不足，无疑会影响到贵州此前曾经拥有的生态优良、城乡美丽的形象，减少外省市到贵州旅游和养生康居的客源量和信心，进而制约大康养产业在本地的健康成长发展。

（二）部分政府管理部门工作不到位

规划方面乱批乱建房地产项目，侵害生态保护领地的事情时有发生。比如，红枫湖、百花湖、阿哈水库是贵阳市集中式饮用水水源地，2011 年 7 月至 2013 年 4 月，清镇农牧场违法在红枫湖二级保护区建成 14 栋别墅共计 9500 平方米，直到督察组进驻后，贵阳市政府才组织强制拆除。再比如，2011 年 8 月至 2016 年 8 月，贵州省林东矿业集团未经批准，在百花湖二级保护区违法建设 33 栋住房，已经部分入住，当地政府及有关部门监管没有到位。

再者，贵州省住建厅对城镇生活污水、生活垃圾处理设施建设工作监督指导不力，对全省城市建成区建筑工地扬尘管控工作普遍不到位，污染问题严重，工作推进滞后。此外，全省畜禽养殖污染整治工作进展缓慢。对部分企业乱排放以及企业治污排放实施督促检查不力。

政府相关部门在生态领域和诸环节管理的不到位，恶化了生态环境，使本来可以支持康养产业发展的良好的生态资源、良好的自然环境和生态基础条件，反过来成为制约康养体系构建的负能量。

（三）政府责任落实不到位和认识不到位

当前贵州生态文明建设中存在的各类问题，既有体制机制方面的不完善，也与领导和管理机构对生态文明建设的重要意义以及对该领域的一些规律、原理认识不足、认识不到位有密切关系。例如，贵州省不少领导干部盲目乐观，对贵州生态系统和自然环境的脆弱性敏感性认识不足，认为贵州生态系统和环境总体较好，不需要在生态建设和环保问题上使多大劲，对本省生态系统一旦遭到损害就更难恢复的生态敏感性认识不充分。一些地方和部门把经济社会发展与生态文明建设、环境保护割裂开来，甚至对立看待，没有学深学透和彻底弄懂"生态兴则文明兴、生态衰则文明衰"的基本规律，没有深刻认识到基于贵州喀斯特地理区域和生态敏感地域的省情，而必须选择走生态引领型发展道路的必要性，从而也就没有自觉认识到贵州要走生态引领型的小康社会发展道路和现代化建设道路的必然性和对全国"两江地区"生态屏障的重要意义，导致建设和保护滞后于发展，甚至让位于发展的情况时有发生。例如，黔南州瓮安县政府在瓮安河总磷污染已经十分严重的情况下，仍同意在瓮安工业园内新建大型磷化工企业，导致瓮安河支流白水河水质进一步恶化。

出现这些情况，说明基层政府在探索适合本地发展的经济产业形态方面，仍未打开广阔的思路，仍未将生态引领、绿色发展的理念作为寻找发展新动能的先导性思想，因而仍存在侥幸心理，仍习惯于从传统的旧动能中开发传统经济增长的扭曲性潜力。

（四）全省生态文明建设领域体制机制方面存在的突出问题

1. 综合性管理机构建设方面存在不足

中央批准贵州建设国家生态文明试验区，给予了贵州在生态文明管理体制方面先行先试大胆改革的权利，也期待通过先行一步的生态文明体制机制改革创新，形成有效的保护生态环境的制度体系，包括法律法规，从而给生态脆弱地区乃至全国其他省市提供可复制可推广的经验。然而，我们看到，贵州在建设与国家生态文明试验区战略任务相容的机构体系方面，步子迈得不够快，有制约试验区建设、延缓生态文明建设综合改革步伐的趋向。例如，符合贵州特点的生态文明领导小组及其办公室等综合管理机构体系建设滞后，各市（州）县成体系的生态文明建设领导小组及其办公室尚未有效形成，无法适应贵州新时期守牢两条底线、加快转型绿色赶超和脱贫奔小康的战略实施需要。

在法律机构建设方面，贵州虽然率先创设了环保法庭和环保审判庭，形成贵州环境审判"贵阳模式"，然而面对生态文明国家试验区要求的给全国生态文明建设提供示范引导的体制机制改革任务，涵盖各市县（包括乡镇）的生态环境法庭机构仍未系统构建，远未形成对破坏生态环境的行为主体给予有力惩治、有效防范的治理体系。当然，更谈不上从立法和决策、执行、司法与监督等有机联系的环节和方面，形成推动贵州生态环境治理体系和治理能力现代化的新的体制机制。

2. 专业性部门机构以及附属事业性管理机构建设方面存在不足

机构的硬件条件和人员配备情况，不适应面大量广、关联度大、任务繁重、意义重大的全省生态文明试验区建设目标。省机构编制部门、组织人事等部门在结合贵州国家生态文明试验区建设乃至全省生态文明建设方面，提供的机构建设动力方面支持不足。

在与生态文明建设相关的附属事业性管理机构建设方面，还未迈开有力步伐。例如，是否需要将目前内置于环境保护行政部门的环境监测中心等事业机构，扩展或改建为生态文明监测中心，并增加生态文明大数据系统建设内容。当然，全省生态文明领域专业性部门机构的建设，还未重视将健康产业、养老养生产业等绿色引领型经济产业元素统筹融合到生态环境保护，以及整体的生态文明试验区建设的总体战略部署中去，使得各相关管理机构就生态文明建设和生态环境保护，单一地谈或空洞抽象地谈，缺少将康养产业作为建设生态文明试验区的战略性经济载体、绿色发展引擎的意识。

3. 体现各机构职能的制度安排方面存在不足

不适应国家生态文明体制改革的基本原则和基本要求；制度的系统性完备性不足，造成机构与职能多方面的不吻合、不协调。例如，贵州省委省政府负责人才和人力资源事务的部门反映，如何增设生态文明建设领域的人才项目，并将其与原先的环境保护、绿色发展等方面的人才项目有效对接，合理统筹，是值得思考并要加快推进的一项工作。再例如，生态文明贵阳国际论坛工作，目前的具体任务多由住建厅建筑节能与科技处负责，而环境保护机构、林业管理机构、水利管理机构、国土资源管理机构、农业管理机构以及综合性的发展改革管理机构，它们应该分担或承担哪些任务，如何在此基础上与省生态文明建设领导小组有效地形成强大合力，都是尚未有效开展的工作。

向生态环境要红利，向生态环境要效益，这些理念已经被政府管理部门接受。但是，对于各个具体的领域和行业，政府的管理职责是要结合国家试验区建设以及总体的生态文明建设，加快进行合理划分，推动和保证各方有序找寻、挖掘和真正收获相应领域的生态红利、生态效益。

（五）生态文明理念建设不足和认识误区方面

理念是系统演化事物发展的深层动力和强大动力，理念体系层面，生态文明建设的理念也有其相对独立的子系统。

毋庸置疑，贵州省在建设生态文明试验区、开发生态型产业和发展生态文明事业方面，已经形成了一些重要的共识性价值观和思想认识，例如，保护生态和环境就是保护生产力、绿水青山等生态文明成果就是金山银山、金山银山难以买到绿水青山，以及"守住发展和生态两条底线"等贯彻落实中央关于生态文明建设的新思想新理念，已在贵州省领导层和管理机构层面得到一定程度的重视。然而，要有效推进贵州省国家生态文明试验区建设工作，促进贵州建成全国生态文明发展示范省，还需要用心用力构建起一整套相关的理念系统，包括"生态文明建设规划优先，重在落实和行动""发展大康养生态型产业，服务贵州经济社会持续健康发展""发展生态文明建设智库，为贵州特色生态文明建设提供智力支持""统筹生态文明建设各关键领域，抓住生态文明建设薄弱环节，破解生态文明建设关键难题""推进贵州生态文明建设体系和发展能力现代化"，以及"守生态文明发展底线，走贵州特色发展新路，同步奔向小康社会"的总体工作思路和总括性理念，都需要在广泛讨论的基础上加以构建，并通过广泛宣传和发动，深入贵州省干部群众的心里，内化于心、外化于行。显然，这些尚未推开的理念体系建设工作，从一个侧面反映了贵州在此方面的不足。

（六）相关领域理论研究不足与有效对策的缺乏

包括专门的研究机构、研究人员、研究投入等方面的不足。贵州省社会科学院、贵州大学、贵州财经大学等高校科研院所，还缺乏专有性的生态文明建设研究机构，以及高水平的研究队伍。贵州财经大学欠发达地区经济发展研究中心以及新近成立的绿色发展研究机构，都先后开展了基于生态环境保护、生态立省的经济政策研究，未来，还需要结合全省扶贫攻坚、精准脱贫，以及大数据产业、大旅游产业等，融合创新出一种基于生态引领的大康养产业模式，并推出一系列的政府公共服务制度安排和产业政策，将其切实有效地转化为全省两个效益一起收获的发展新动能。

理论研究的不足和滞后，导致学业两界、干部群众对生态文明建设与环境保护的关系、生态经济与绿色经济低碳经济循环经济的关系，缺乏正确认识，处于迷惑不解的状态，进一步导致在实际工作中不能正确衔接好当前全省生态文明建设与此前较早开展的环境保护、绿色发展之间的工作任务，这些都是要通过建立生态文明智库（包括大康养体系发展的新型智库）、凝聚生态文明建设研究队伍，协同攻关加快破解的重要理论问题。

政府各级财政部门和政策性金融机构，还需率先制订促进生态文明建设理论与政策研究的资金支持计划，还需要制定生态资源资产价值评估的有效体系，还需要制定领导干部离任生态资源资产审计的考评制度。

（七）规划体系方面的不足

在贵州省市县党委政府以及相关的生态文明建设领导小组的领导下，省市县发展改革部门尚需统筹协调好与生态文明建设相关的公共管理机构，编制相应的"多规合一"的本地区生态文明建设中长期乃至短期的综合性规划。行政体系内的林业、水利、住建、交通、国土资源、农业、旅游、文化、教育、人社等管理机构，以及党委体系内的组织、宣传以及新闻媒体、报纸杂志等，都应有相应的生态文明建设专门性规划计划。然而，在省市县生态文明建设的综合性规划以及相关职能机构的生态文明建设专项规划都比较缺乏的情况下，生态文明试验区建设难免出现盲目无序或顺水漂的情况，综合规划和专项规划之间缺乏有机联系和有效对接，纵横向条块管理机构之间的生态文明建设职责缺乏清晰合理的界定，各行其是和摩擦纠纷乃至管理治理盲区，都还不同程度地存在着。

（八）宣传和文教方面的不足

涵盖省市县乡（镇）的宣传部门和文化部门，还未规模化地开展倡导全社会大力重视生态文明建设、推动贵州省全民共同参与生态文明建设的系列活动；教育行政部门和大中小学还未将生态文明试验区建设的重大意义及其对贵州"守住两条底线"的重要性，纳入学生教育教学环节，推动生态文明建设基本知识、基本理论进课堂、进教材等工作方面，尚未有序地规模化地展开。重要报纸杂志、新闻广播、电视网络等方面在贵州省保护环境、建设生态文明乃至走生态引领型的有特色的发展道路方面，尚无规模化的有效作为。一个良好的生态文明建设氛围还未切实形成。

（九）科技支撑和人才支持方面的不足带来的挑战

生态文明建设本身就是跨领域、跨部门、跨学科的复杂艰巨难题，相关的技术体系发展不足。例如，生态资源资产评价和产权界定就是一个技术性难题，编制自然资源资产负债表需要建立在这个技术性难题破解的基础上，相关的干部政绩考核也同样要建立在这个基础上。适应贵州未来一段时期生态文明建设的多层次、多领域的专业性技术人才和管理人才，还很缺乏。

进一步的，将生态文明建设与绿色经济发展新动能有效融合，发展"大康养＋"的懂生态技术、会经营管理生态型康养产业的复合型人才，也非常缺乏，亟须通过"发展与生态文明建设相关的本科、硕士、博士等新型学科"，来源源不断地培养各级各类人才。

（十）生态文明建设的法治体系与干部政绩考核体系不完善

在创设贵州环境审判"贵阳模式"，建立全国首个环境保护法庭——贵州清镇市人民法院生态保护法庭等依法建设生态文明方面，贵州打响了第一枪，但是还未在全省法院乃至整个司法体系，构建起系统完备的生态文明建设法治体系，包括未建立涵盖省市县乡（镇）的生态文明建设专有性法律审判部门体系。

将生态文明建设的有关政绩纳入相关干部的考核体系中，可以有效发挥政绩考核指挥棒的强大效用，但是，在此方面的有效性考核政策和制度安排还未普遍建立，也面临着上述提到的如何将业已存在的环境保护政绩指标、绿色发展指标与生态文明建设指标有效对接、有效融合的技术性难题。

三　贵州生态文明建设面临的挑战

前文就贵州生态文明建设现状，包括取得的成就、存在的问题进行了阐述和总结。在这些问题中，有些突出的问题是需要通过统筹改革、配套改革，将生态文明建设与经济、政治、社会、文化等融合建设方能破解的，命题破解的综合性、艰巨性和复杂性，构成了命题破解的挑战性特征。

贵州领导层和相当一些干部群众，已经认识到在贵州这样一个生态区位重要、生态系统脆弱敏感、经济社会发展还显落后的地区，努力建设国家生态文明试验区和多彩贵州国家公园省，从而走出一条"有别于东部、不同于西部其他省份"的特色发展道路的战略意义。然而，正如我们看到且必须正视的，生态文明建设、环境保护与经济发展之间，的确存在一些内在的矛盾，并且，作为经济社会发展的必然趋势和现代化发展的必由之路，城镇化的稳健快速推进也是促进贵州城乡统筹发展进而全面建成小康社会和实现全省现代化的必由之路。这就使贵州在推进国家生态文明试验区建设的过程中，不得不面临一系列的"两难问题"乃至"多难问题"。加上贵州喀斯特地理地貌、现有的经济社会发展实力、科教文化、人力财力等主客观条件的限制，贵州建设国家生态文明试验区和生态文明大省，还面临着巨大的挑战，特别是寻找绿色发展新动能，探索出一条既能持续保护好生态环境，持续建设好生态文明，又能促进经济社会可持续发展的新路子。这些挑战主要体现在以下几方面。

（一）妥善应对加快达小康、城镇化加速与生态文明建设目标之间的冲突

1. 大扶贫和同步达小康时间紧任务繁重带来的挑战

推进大扶贫以及作为工作重点之一的深度贫困地区的扶贫工作，无疑是促进和保证贵州全省到 2020 年与全国其他省市同步达小康的重要路径。但是，贫困地区的工业产业基础大多薄弱，利用现有的资源能源发展产业，又面临着加重生态系统压力或导致原本脆弱敏感的生态系统和自然环境难以健康恢复的巨大风险。并且，建设好国家生态文明试验区，提供可复制可推广的生态文明制度体系的时间表也是截至 2020 年，所以，如何"守住两条底线""两山一起建"，一起收获"两个成果"，时间紧、任务繁重、问题复杂艰巨，这就需要学业两界乃至全省上下一齐群策群力，努力寻找重塑贵州经济发展的绿色新动能，以此为统筹全省经济社会发展和生态环境保护的包容性工程注入崭新的正能量。这无疑是对贵州全省干部群众智慧和能力的巨大考验。

2. 城镇化加速发展给生态文明试验区建设带来的挑战

城镇化是现代化的必由之路，也是调结构、扩内需、稳增长、惠

民生、促发展的重要路径。贫困的重难点在乡村，减少农民才能富裕农民，所以，不管贵州的资源能源禀赋如何、生态区位以及其他维度的省情如何，贵州城镇化稳健快速发展都是促进全省城乡统筹、富裕农民、打好扶贫攻坚战的必由之路。而城镇化引发的各类经济要素在城乡之间的重新配置和各类基础设施的改建扩建，极易诱发乡村和城镇已有的生态系统更替变化，以及引发各类生态风险和环境污染，这就要求我们必须结合贵州山地丘陵面积占比大，以及喀斯特地貌广泛遍布的地理特点，探索一条独特的生态型工业化与山地特色城镇化有效融合的发展新路，这条道路的探索无疑也考量着贵州干部群众的智慧，以及理论和政策界专家的智慧。实践证明，走边污染边治理的传统老路，不适合贵州生态环境脆弱且一旦遭破坏就难以恢复的省情；先发展后治理的东部地区之路，同样不适合贵州省情，也与当下中央对贵州率先创建生态文明试验区和对欠发达地区发挥引领示范作用的期待格格不入，更与贵州上下基本体悟到生态引领型发展的大方向背道而驰，因而，需要学业两界在总结原有的贵州生态引领、绿色赶超的可持续发展道路经验的基础上，进一步深化和细化，并精确找到能够发展绿色新动能的产业类型，以该产业为主要抓手和战略性引擎，夯实好生态引领、绿色赶超的可持续发展的经济基础、产业基础。正如后面将要谈到的，这个重塑贵州新时代绿色发展新动能、可持续发展新动能的产业，就是大康养产业。

（二）生态文明建设面临的技术性挑战

编制生态资源资产负债表、界定生态资源资产产权，都是促进生态资源高效配置，保护生态环境乃至评价政府生态治理绩效的重要工具。然而，这两个方面面临的技术性难度很大，需要加快建立跨学科的省级生态文明建设研究智库体系，以破解包括上述技术性难题在内的诸多障碍。该复合型智库的团队既要包括自然科学领域，以及资源环境、生态等技术领域人才，也要拥有人文社会科学领域的研究人才。这对贵州省现有的科研院所来说是一个不小的挑战。例如，发展生态型大康养产业，以有效对接融合大扶贫、大数据乃至大旅游战略，就需要该复合型智库的团队成员协同攻关，推出符合贵州省情的本地化发展政策。

（三）体制机制方面发展不足和滞后所带来的挑战

这突出地表现在生态补偿机制难以有效建立带来的挑战，以及管理体制尚未系统完备建立所带来的挑战、综合性的生态文明建设管理机构以及专业性机构部门，还未有效建立带来的挑战。在目前的机构编制制度约束下，公共管理人员编制趋紧，增量难以扩展，如何创新体制机制改革新路，面临的挑战无疑也是艰巨的。破解的思路可能要从中国和贵州的实际情况出发，在公共性机构编制人员存量的结构调整上做文章，针对全省国家生态文明试验区建设任务日趋繁重和紧迫的形势，调配数量充裕的管理人员、技术人员，充实到新组建的各级各类生态文明管理机构体系中去，并进行必要的知识技能培训，转拨必要的财政经费，添置必要的装备和办公用品，担负起与建设国家生态文明试验区以及进行生态文明建设综合改革相符合的管理体制，包括生态补偿体制机制。

（四）寻找发展新动能以实现经济社会和生态效益共赢

除了上述几个方面的挑战外，贵州在新时期发展进程中还存在以下几方面的挑战。一是国家两江上游重要生态屏障的特殊生态区位；山地丘陵面积占比大，以及喀斯特地貌广泛遍布的地理特点，水土流失面积和石漠化面积大，生态文明建设具有跨流域跨区域性特点，要同步达小康，挑战大。二是虽然贵州建设国家生态文明试验区可以先行先试，探索构建系统完备的生态文明机构体系，增加必要的管理力量，投入必要的资金财力，但是，这都对当下中央层面的机构编制体制、财政体制等提出一些挑战。需要与相应的中央层面管理部门反复沟通，争取更多的制度、财力等支持。

然而，上述这些挑战，都还不是最大的。贵州守住两条底线并如期同步达小康最大的挑战在于积极寻找发挥本省资源禀赋优势的发展新动能。接受严峻现实，自加压力，自力更生，自找动能，通过新动能的发掘找寻，推动经济社会与生态文明建设协同发展。而这个发展的新动能，就是大康养产业及其体系的构建。

当前，不少干部群众认为，贵州作为两江上游生态屏障，长期以来为保护环境和生态，没有充分开发资源能源，没有大力开发相应产业，但是由于区域内和跨区域的生态补偿机制并未有效制定并落地，因而感觉贵州在发展中吃亏了。既然东部地区可以走先污染后治理的增长之路，为何需要我们贵州吃这样的亏，却允许其他东中部省份先发展繁荣起来？这是有一定道理的，不过也存在认识误区，需要做广泛的宣传教育和引导工作。实际上，贵州的地理地貌和生态环境脆弱的情况，以及当前国际国内保护生态环境的共识，使得贵州不可能再选择走传统的老路，也不能走传统的老路。

正如前文所述，要夯实好生态引领、绿色赶超的可持续发展的经济基础和产业基础，我们需要积极培育和发展重塑贵州新时代绿色发展新动能——大康养产业。如何让大康养产业担负起新时代下贵州绿色发展新动能的转换、融合和统筹？这就需要全省上下特别是党委政府，在发展理念上支持大康养产业，构建有利于大康养产业大发展的体制机制。依托大康养产业"四两拨千斤"的综合杠杆效应，充分发挥其对贵州生态文明建设和经济社会发展的战略性推动作用，实现新时代贵州全省真正的跨越赶超，如期与全国其他省市一道迈入小康社会。

第二章

贵州省生态环境保护
现状与对策

一 贵州省生态环境保护战略地位与作用

贵州省北、东和南三面边缘河谷海拔在 500 米以下。高原山地约占全省面积的 61.8%，丘陵占 30.7%，盆地占 7.5%，是我国唯一无平原支撑的山区省，喀斯特地貌面积占 70% 左右。

贵州省处于长江、珠江上游，是长江产业带的重要组成部分，除了拥有得天独厚的自然资源优势外，还是我国主要的生态脆弱区，其生态环境建设在整个长江流域乃至全国可持续发展战略实施中具有举足轻重的地位。

1. 长江、珠江流域重要生态屏障

贵州省位于长江和珠江上游地带，其中属长江流域的面积 115747 平方公里，占总面积的 65.7%；属珠江流域的面积 60420 平方公里，占总面积的 34.3%，是长江、珠江水源涵养重要区和长江、珠江两大流域上游的重要生态屏障，生态地位十分重要。

2. 国家生物多样性保护重要区域

贵州省生物物种丰富，区系地理成分古老而复杂，过渡性明显，存在不少东亚、中国及贵州特有种，在我国处于较为重要的地位，省内有高等植物 7000 多种，其中国家重点保护的野生植物 71 种，属一级保护的 14 种，二级保护的 57 种，有野生脊椎动物约 900 种，其中国家重点保护的有 79 种，属一级保护的 15 种，二级保护的 64 种。

3. 国家喀斯特地区土壤保持重要区域

贵州省的大部分县（市）均处于西南喀斯特地区土壤保持重要区，该区地处亚热带季风湿润气候区，发育了以岩溶环境为背景的特殊生态系统。该生态系统极其脆弱，环境容量小，土壤承载力低，抗干扰能力弱，弹性小、阈值低，环境系统内物质的移动能力很强，受干扰后生态系统自然恢复的速度慢、难度大。喀斯特植被破坏后，生境的旱生化迅速加剧，局部阴湿生境消失，水土流失愈发严重；碳酸盐岩的成全速度极为缓慢，喀斯特地区需要2000~8000年左右才能形成1厘米厚的土层，形成石漠化后，环境恢复的困难程度极大。土壤侵蚀敏感性程度高，土壤一旦流失，生态恢复重建难度极大。

4. 保护贵州省生态环境是维护国家生态与经济安全的战略任务

江河上游水量减少，会导致下游区域缺水或断流，严重影响下游工农业生产和生活。西部生态环境恶化导致中东部地区的洪涝灾害。发源于西部地区的沙尘暴等灾害性天气频度增多、强度加大，并通过大气环流影响到中东部地区。水源减少、水质下降、沙化东扩、沙尘暴肆虐等生态恶化状况对中东部地区造成严重影响。因此，维护好贵州省的生态环境，提高水源涵养能力，有效遏制水土流失，减少泥沙下泄量，是长江、珠江两大流域的生态安全和经济社会发展的重要保障，保护好贵州的生态环境不仅关系到贵州自身的发展，更关系到国家的生态安全与经济安全。

二 贵州省生态环境保护成效

贵州省通过实施严格的环境保护目标责任制，大力推进结构减排、工程减排和管理减排等具体措施，完成了污染减排的总量控制目标。通过加大环保投入，推进城市环境综合整治行动，将农村环境保护与自然生态保护有机结合，有效地改善了农村与城市生态环境。通过持续实施退耕还林还草、治理水土流失与石漠化治理项目，扩大自然保护区面积等措施，贵州省自然生态环境恶化趋势得以控制。

1. 饮用水源地水质大幅提高

贵州省通过落实《城市饮用水源地环境保护规划》，划定了88个县城所在城镇的集中式饮用水源地保护区。各市州通过控制新污染源和水产养殖，推进老污染源整治，依法关、停、并、转、迁严重影响饮用水源地水质安全的企业。开展农业农村污染防治，逐步解决农业面源污染和农村生活污染对饮用水源的不利影响。加大城市生活污水处理设施建设，有效地控制了水源地保护区的污染问题。2003年中心城市集中式饮用水源地水质月最低达标率只有54.5%，经过综合整治，从2010年开始到2016年达标率均为100%，饮用水源地水质优良。县城所在城镇集中式饮用水源地达标率从2012年的91.4%提高到2016年的99.5%。

2. 地表水水质明显改善

生活污水排放量增速快。贵州省通过实施调结构、上设施、提管理、促减量等综合手段，有效控制了工业废水及水污染物排放量的增长速度，但生活污水排放量呈现较大幅度增长。2000年全省废水排放量为5.54亿吨，2010年为6.08亿吨，随着经济发展与城市化加速，生活水平的提高，2015年废水排放量增长到11.28亿吨，2016年下降到10.07万吨。其中2000年工业废水排放量为2.06亿吨，2010年则降到1.41亿吨，到2015年则增长到2.92亿吨，2016年下降到1.63万吨；生活污水排放量呈现逐年增长态势，2000年生活污水排放量为3.48亿吨，2010年增长到4.67亿吨，2015年则增长到8.36亿吨，2016年为8.42万吨（见图1）。

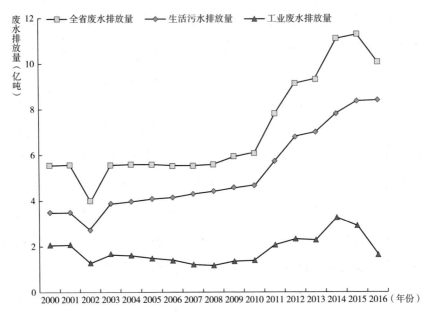

图1 贵州省 2000～2016 年废水排放量变化趋势

资料来源：贵州省环境保护厅，《2000～2010 年贵州省环境状况公报》，http：//
www.gzhjbh.gov.cn；贵州省统计局网站；《贵州统计年鉴（2016 年）》，http：//
www.gzhjbh.gov.cnhttp：//www.gz.stats.gov.cn/tjsj_35719/sjcx_35720/gztjnj_40112/
2016n/；贵州省环境保护厅，《2016 年贵州省环境统计年报》，http：//
www.gzhjbh.gov.cn/dtyw/stdt-1/814154.shtml。

工业化学需氧量排放量下降，生活排放呈增长趋势。2011～2016
年，化学需氧量排放量从 34.22 万吨降到 25.6 万吨。其中工业化学需
氧量排放量从 2011 年的 6.55 万吨降到 2016 年的 1.63 万吨；随着城
市化进程加快，生活污水化学需氧量逐年增长态势，从 2011 年的
21.49 万吨下降到 2016 年的 23.34 万吨（见图2）。

主要河流、湖（库）水质明显得到改善。2001 年，境内长江、珠
江两大流域八大水系中达到或优于所在功能区水质类别标准的监测断
面只有 45 个（监测断面总数为 73 个），占总监测断面数的 61.6%，
而 2010 年达到或优于所在功能区水质类别标准的监测断面有 61 个，

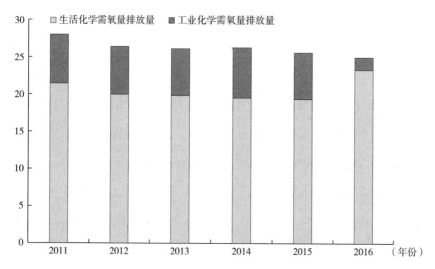

图2 贵州省化学需氧量排放量变化趋势

资料来源：贵州省环境保护厅，《2000～2010年贵州省环境状况公报》，http：//
www. gzhjbh. gov. cn；贵州省统计局网站，《贵州统计年鉴（2016年）》，http：//www. gz. stats.
gov. cn/tjsj_ 35719/sjcx_ 35720/gztjnj_ 40112/2016n/；贵州省环境保护厅，《2016年贵州
省环境统计年报》，http：//www. gzhjbh. gov. cn/dtyw/stdt－1/814154. shtml。

占总监测断面数的71.8%；2016年主要河流监测断面中96.0%达到优
良，14个出境断面全部达到Ⅲ类及以上水质类别。在红枫湖、百花湖
等8个湖（库）① 布设的25条监测垂线中，达到或优于所在功能区水
质类别标准的垂线有14条，占总监测垂线的56%。

3. 空气质量显著提高

大气污染物排放量呈下降趋势。贵州省将贵阳市6个区（市）、
遵义市4个区（县、市）、凯里、兴义、都匀、贵州省、铜仁等20个
市（区、开发区）划定为大气污染防控重点区域。在此重点区域内施

---

① 8个湖（库）：红枫湖、百花湖、阿哈水库、乌江水库、梭筛水库、虹山水库、万峰湖和
天然湖泊草海。

行"三禁三控"①措施，污染物排放量得到了有效控制。贵州省二氧化硫排放量从 2010 年的 114.89 万吨降到 2016 年的 64.71 万吨；烟尘排放量从 2010 年的 25.1 万吨降到 20.43 万吨，氮氧化物从 2014 年的 49.11 万吨下降到 37.79 万吨。

城市空气质量持续改善。2016 年 9 个中心城市②空气质量达到国家环境空气质量二级标准的城市有 6 个，其中贵阳市、遵义市和六盘水市三城市 PM2.5 超标。9 个中心城市空气质量指数（AQI）优良天数比例平均为 97.1%，比 2015 年上升 1.3 个百分点。2016 年起，全省 88 个县（市、区、特区）开始按照《环境空气质量标准》（GB3095-2012）开展六指标环境空气自动监测，AQI 优良天数比例平均为 97.5%，其中有 73 个县（市、区）环境空气质量达标，占比 83.0%。

4. 水土流失治理成效显现

贵州省是全国水土流失最严重的省份，是我国唯一一个没有平原支撑的喀斯特山区省份，全省人均土地资源占有量少，因坡耕地分布广泛，雨量大，造成水土流失量大、范围广、危害重，治理难度大。

据全国第二次水土流失遥感调查，长江流域水土流失面积 53 万平

---

① "三禁"：在城市城区及其近郊禁止新建、扩建钢铁、有色金属、水泥、化工、冶金等重污染企业；强化施工工地环境管理，禁止在城市市区（含各类经济开发区）使用袋装水泥和现场搅拌混凝土、砂浆；禁止在城区及近郊新建效率低、污染重的燃煤小锅炉，禁止原煤散烧。"三控"：严格控制重点区域新建、扩建除电源项目与关停小火电机组挂钩以外的火电厂；加强区域产业发展规划环境影响评价，严格控制钢铁、水泥、电解铝、传统煤化工等产能过剩行业扩大产能项目建设；重点区域内的城市要限期完成餐饮服务业油烟污染治理，严格控制油烟排放。

② 13 个城市：贵阳市、遵义市、安顺市、六盘水市、都匀市、凯里市、铜仁市、毕节市、兴义市、赤水市、仁怀市、清镇市、福泉市；9 个中心城市：贵阳市、遵义、六盘水、安顺市、毕节市、铜仁市、凯里市、都匀市和兴义市。

方公里，主要分布在包括贵州省在内的长江上游地区，其中贵州省5.1万平方公里，约占十分之一；珠江流域水土流失面积6.3万平方公里，其中贵州省2.2万平方公里，约占三分之一。长江中上游25度以上陡坡耕地总面积3500万亩，年均土壤侵蚀总量9亿吨，其中贵州省陡坡耕地面积710万亩，年均土壤侵蚀总量1.8亿吨，均占五分之一以上。贵州省水土流失面积7.318平方公里，占全省国土面积的42%。

贵州省对1000多条小流域进行治理，探索建成了一批小流域治理示范工程，成效显著。据测算，贵州省重点治理小流域各项措施每年拦蓄泥沙1523万吨，拦蓄径流117000万立方米。水土流失治理程度达80%以上，植被覆盖度平均提高18个百分点，减沙率达到70%以上，土壤侵蚀模数大多降低到每年每平方公里1000吨以下水平。

2010年贵州省水土流失面积为55269.4平方公里，2015年水土流失面积减少到48791.87平方公里。其中，长江流域水土流失面积减少了4430.01平方公里，珠江流域水土流失面积减少了2047.52平方公里。2015年长江流域水土流失面积为32512.14平方公里，占28.1%；珠江流域水土流失面积为16279.73平方公里，占26.95%。[①]

5. 石漠化扩展速度有所减缓

贵州国土面积17.61万平方公里，其中岩溶和石漠化面积分别为11.22万和3.31万平方公里，是全国石漠化面积最大、等级最齐、危害最重的省份。2008年贵州省被列为国家石漠化综合治理工程的重点治理区域，2008～2010年贵州省被纳入国家石漠化综合治理工程的55

---

① 贵州省水利厅：《贵州省水土流失公告（2011～2015年）》，http：//www.gzsb.org.cn/newshow.aspx？id=1262

个试点县，石漠化治理面积共 2540 平方公里，全省整合面上其他生态
建设项目治理石漠化面积共 4075 平方公里。

据贵州省发改委、林业部门统计，2005～2014 年，贵州石漠化面
积减少约 4500 平方公里，年均减少 1.34%，改变了过去石漠化每年
以 2%～3% 速度恶性扩展的趋势。贵州森林覆盖率每年提高 1%，到
2014 年底全省森林覆盖率已达到 49%。贵州初步建立起"两江"上
游"生态屏障"。到 2014 年底，贵州石漠化面积还有约 2.9 万平方公
里，并有 3 万平方公里左右的土地存在潜在石漠化趋势。

近几年，国家投入 23.02 亿元专项资金用于贵州石漠化综合治理
工程，其中林业工程资金 10.50 亿元，占石漠化工程总投资的
45.61%。贵州省石漠化地区将农业产业结构调整和农民增收相结合，
选择适当的经济树种，发展名特优新经果林、薪炭林，探索林竹、林
药、林果、林草、林菜结合等多种经营模式，形成生态经济产业带，
多种治理模式的探索，大大提高了石漠化地区农民的收入，激励了农
民参与生态重建的积极性。贵州省总结推广了"岩溶地区半石山生态
型用材林、金银花、花椒治理模式"，在石漠化得到治理的同时，增
加了农民收入。

6. 生物多样性保护力度不断加强

截至 2016 年 6 月底，根据环保部门统计口径，贵州省已建成 119
个自然保护区（其中国家级 10 个、省级 7 个、市级 16 个、县级 86
个），总面积 89.79 万公顷，占全省国土面积的 5.1%。

贵州是全国生物多样性最为丰富的四个区域之一，全省的生物多
样性资源包括森林生态系统、草地生态系统、湿地生态系统等近 177
个自然生态系统；野生高等动物种类有 1077 种，其中国家一级保护动
物 16 种，国家二级保护动物 82 种；野生维管束高等植物有 6921 种，
其中国家一级保护植物 12 种，国家二级保护植物 64 种。贵州野生生

物资源丰富，遗传多样性在全国各省（区）中名列前茅。全省栽培植物种类繁多，从亚热带到暖温带的栽培植物几乎应有尽有，据贵州农业品种资源调查，总计农作物品种近 6000 个，其中不少是名、特、优的珍贵栽培种。自然保护区保护面积的不断扩大，使绝大部分珍稀野生动植物物种资源及生态区位重要地区的林地及生物多样性得到有效保护。

贵州省批复实施了《贵州省生物多样性保护战略与行动计划（2016～2026）》和《贵州省自然保护区建设与发展规划（2015～2020）》，确定了开展生物多样性调查、评估与检测、发展绿色产业、促进生物多样性保护的可持续发展等六大行动计划，为贵州省生态文明建设和可持续发展提供科学依据和指导。

7. 森林资源总量明显增加

到 2016 年底，贵州省完成义务植树栽植 5608 万株，全省森林面积达 1.32 亿亩，森林蓄积 4.25 亿立方米，2016 年贵州全省造林 528 万亩，其中荒山造林 398 万亩。贵州省森林覆盖率已从 1993 年的 14.8% 上升到 2016 年的 52%，远高于全国 20.36% 的平均水平，[①]无论对贵州本省生态环境改善，还是对国家生态安全都做出了巨大贡献。

8. 污染治理水平不断提升

环保投入大幅增长。贵州省投入环境保护的资金逐年增加，从1996 年的 2.1665 亿元提高到 2016 年的 161.16 亿元，全省环保投入资金占生产总值的比例从 0.29% 提高到 1.9%，近几年，加大了城市基础设施投资。

---

① 国家林业局：《中国森林资源图集——第七次全国森林资源清查》，中国林业出版社，2010 年 10 月。

表1　贵州省环保投资及所占 GDP 的比例

年　份	2011	2012	2013	2014	2015
环保投资（亿元）	106.7	97.35	133.7	175.25	161.16
环保投资占 GDP 的比例（%）	1.9	1.4	1.7	1.9	1.5
城市基础设施投资（亿元）	37.95	35.73	60.33	84.05	87.67

环保基础设施水平大幅增长。城市污水处理率从 2010 年的 66.08% 提高到 90.5%，生活垃圾无害化处理率从 2010 年的 45.42% 提高到 87.3%，有效减少了生活污染物的排放量。

9. 生态环境质量评价总体为良好

2016 年，对全省 88 个县域进行生态环境质量评价，其中生态质量分别有 6 个县域为"优"、72 个县域为"良"、9 个县域为"一般"，只有一个为"差"。

三　贵州省生态环境保护存在问题与面临挑战

贵州省在污染防治和生态保护方面做了大量的工作，成绩显著，但是，由于贵州省仍处于工业化、城镇化的初级阶段，经济基础薄弱，工艺技术落后，企业装备水平低下，历史遗留的环保问题较多，环保基础设施建设严重滞后，加之喀斯特环境的脆弱性，生态环境保护形势依然十分严峻，面临九大问题与挑战。

1. 污染治理水平偏低

环保基础设施水平较低。贵州省城市污水与垃圾无害化处理设施建设起步较晚，因此城市污水处理率和垃圾无害化处理率均远低于全国平均水平。2001～2003 年污水处理率、垃圾无害化处理率分别只有 3%、11% 左右，而全国平均水平已分别达 40%、50% 左右，2010 年后，城市环保设施建设速度加快，两率大幅提高，分别达到 90.5%、

87.3%，但与全国平均水平92.4%、95%仍存在一定的差距。

虽然污水处理率和垃圾无害化处理率有所提升，但是，由于存在监管不严等问题，还有些城市如贵阳市、遵义市城市污水未经处理，直接排放到河流中，导致河流水质污染严重等问题。

工业污染控制水平较低。贵州省工业废水达标率、工业固体废物综合利用率虽然有了很大提高，但与全国平均水平的差距仍然相差很大。

据环保督导组的调查显示，全省107个省级及以上工业园区有33个依托城镇生活污水处理厂处理废水，其中13个因管网未建而无法正常运行；已建成污水集中处理设施的82个园区，因配套管网建设不到位，有42个不能正常运行。

2. 污染物排放强度偏高

单位产值化学需氧量排放仍处于较高水平。2005年，贵州省国内生产总值为1942亿元，化学需氧量排放为22.56万吨，单位产值化学需氧量排放量为116.17吨/亿元，倒数第五，是全国平均水平的1.5倍，是北京的7倍；"十一五"末期，2010年，贵州省国内生产总值提高到4593.97亿元，化学需氧量排放降到20.78万吨，单位产值化学需氧排放降为45.23吨/亿元，倒数第七；2016年，国内生产总值提高到11734亿元，化学需氧量排放量25.6万吨，单位产值化学需氧量排放降为21.82吨/亿元，单位GDP化学需氧量排放量大幅降低，但是与先进的省份相比仍有差距。

单位产值二氧化硫排放量居高不下。2005年，贵州省国内生产总值为1942亿元，二氧化硫排放量为135.8万吨，单位产值化学需氧量排放量为699.28吨/亿元，倒数第一，是全国平均水平的5倍，是北京的25倍；"十一五"末期，贵州省国内生产总值提高到4593.97亿元，二氧化硫排放降到114.89万吨，单位产值二氧化硫排放降为

250.09 吨/亿元，仍处倒数第一，仍然是全国平均水平 4.5 倍、北京的 30 倍。2016 年，国内生产总值提高到 11734 亿元，二氧化硫排放量 64.71 万吨，单位产值二氧化硫排放降为 55.1 吨/亿元，单位 GDP 二氧化硫排放量大幅降低，但是与先进的省份相比仍有差距。

3. 资源能源消耗水平偏高

贵州省工业主要以重工业为主，且生产技术水平相对落后，资源能源消耗水平远远高于全国平均水平，三废综合利用产值远低于浙江、江苏和山东等省份，单位国内生产总值所消耗的资源能源及污染物排放量仍处于较高水平。

从能源能耗强度分析，2006 年贵州省单位地区生产总值能耗为 3.188 吨标准煤/万元，位居单位能耗倒数第一位。[①] 2009 年贵州省单位 GDP 能耗下降到 2.348 吨标准煤/万元，全国排名倒数第四，远高于全国平均水平 1.077 吨标准煤/万元，北京市的单位 GDP 能耗为 0.606 吨标准煤/万元，全国能耗最低，贵州省是北京市单位能耗 3.8 倍。单位工业增加值能耗（规模以上，当量值）4.32 吨标准煤/万元，全国排名倒数第三，单位地区生产总值电耗（等价值）2328 千瓦小时/万元，全国排名倒数第四。[②]

从水资源消耗强度分析，2008 年贵州省万元工业增加值用水量 326 立方米，全国万元工业增加值用水量平均为 127 立方米，是全国水平的 2.6 倍；天津万元工业增加值用水量只有 12 立方米，贵州省万元工业增加值用水量是天津的 27 倍。

---

① 国家统计局、国家发展和改革委员会、国家能源领导小组办公室：《2006 年各省、自治区、直辖市单位 GDP 能耗等指标公报》，2007 年 7 月 12 日，国家统计局网站，http：//www. stats. gov. cn/tjgb

② 国家统计局、国家发展和改革委员会、国家能源领导小组办公室：《2009 年各省、自治区、直辖市单位国内生产总值（GDP）能耗等指标公报》，2010 年 7 月 15 日，国家统计局网站，http：//www. stats. gov. cn/tjgb

4. 水土流失治理任重道远

水土流失的危害主要表现在四大方面。一是由于土地退化，耕地遭到破坏或减少，威胁国家粮食安全；二由于江河湖库淤积，导致洪涝灾害加剧，严重威胁国家防洪安全；三是由于生存环境恶化，加剧了水土流失地区贫困程度，制约当地经济社会发展；四是水土流失导致生态系统自身调节功能下降，更加重了旱灾和面源污染，严重威胁着国家生态安全和饮水安全。

严重的水土流失，不仅大大降低了贵州省本来就不高的国土有效承载量，更使贵州省经济社会的生存发展空间受到限制，也直接威胁到"两江"下游的生态安全。

5. 石漠化治理扩展趋势未得到遏制

贵州呈典型的过渡性地貌，特殊的地形地貌，造成贵州石多土少，土层瘠薄，水土流失和石漠化严重。长期以来，由于单位投资水平长期偏低，生态建设质量难以保证，局部造林质量不高。而一些荒山荒地大多零星破碎、土壤瘠薄，造林难度大、成本高，治理任务异常艰巨。

6. 生物多样性科学保护有待加强

贵州省生物多样性保护整体薄弱的局面日渐加剧。虽然贵州省生物多样性资源丰富，但管理部门并不掌握具体情况，缺乏有针对性的保护措施；生物多样性管理部门分散、管理手段落后和管理人才缺乏，加上人为干扰，导致部分地区原生生态系统不断退化，物种栖息地不断减少，生物多样性下降趋势过快；而外来物种入侵蔓延未得到控制，如紫茎泽兰、水葫芦、水白菜、水花生、福寿螺、蔗扁蛾等外来生物入侵，危害严重，特别是紫茎泽兰危害面积达600万～700万公顷。

7. 森林资源总量不足

贵州省森林覆盖率和人均森林面积均不断增长，高于全国的平均水平，但与相邻省份相比差距较大。

贵州森林资源分布不均，森林经营管理集约程度低，树种单一，中幼林较多，林分质量普遍较差，人均活立木蓄积和单位面积蓄积仅为全国平均水平的 76.6%、67.9%，单位蓄积量仅为全国水平的68%，其中：乔木林单位面积蓄积量 4.02 立方米/亩，仅为全国平均水平的 70%，全省林地质量 Ⅰ、Ⅱ 级林地只占林地总面积的 35%，林地质量 Ⅲ、Ⅳ、Ⅴ 级林地达到林地总面积的 65%；天然草地有近 2/3 是低产退化草地。大部分森林的生态功能较差，全省生态功能三级和四级的林分占 80% 以上，林下植被稀疏，郁闭度低，林草植被涵养水源、保持水土、调节气候、增加碳汇、抵御自然灾害的生态功能不强。

8. 农村生态环境保护较弱

贵州省农村生态环境脆弱、人口压力大，由于环保投入严重不足，农村生态环境保护工作有待进一步加强。主要包括：农村地区饮用水水质安全问题、农业面源污染和畜禽养殖污染问题、水土流失和石漠化问题严重、采冶型工业污染问题以及缺乏环保基础设施等问题。

9. 环境保护管理能力薄弱

贵州省环境监测、监察能力薄弱，非常不利于贵州省环境保护工作的推进，亟待提高。

目前从全国范围看，环境污染事故和环保信访量都在呈上升趋势，重金属污染、危险化学品污染等环境污染事故频发，即使在东部发达省市，环境监测、监察力量都很紧张。贵州省的环境监测、监察队伍基础差、底子薄，离环保部提出的建立完备的监测、监察体系的要求还有很大差距。

目前，贵州省经过资质认证、能够正常开展工作的各级环境监测站（省、市、县）一共只有 20 多个，占 22%，同时全省环保一线执法力量只有 700 多人，全省环境监察、环境监测、环境应急能力建设以及环保业务用房建设的资金缺口约13.6亿元，这种状况明显难以适应全省经济社会更好更快发展进程中切实维护环境安全的需要。

四 贵州省生态环境保护的对策

保护生态环境是贵州省生态文明建设的前提条件。贵州省既是长江流域和珠江流域生态屏障，也是城市森林生态屏障，在国家十大国土生态安全屏障中占了三个方面，因此贵州省的生态保护与建设维护国家生态安全意义重大，具有重要的战略地位，保护好生态环境是贵州省实现跨越式发展的前提。

绿色转型是贵州建设生态文明试验区的必然途径。贵州省正处于工业化初期阶段、城镇化的加速阶段，随着工业化进程加快与城镇人口的大幅增长，污染物排放量将会大幅提高，生态环境所承受的压力将大幅提高，绿色转型是贵州省实现跨越式发展的必然途径，只有通过绿色转型，才能够为贵州省发展提供更大的生态环境容量。

贵州省控制环境污染战略任务有三大方面。一是加大环境保护的投入力度，提高城乡环保基础设施建设与运营水平，实现工程减排；二是转变经济增长方式，加快淘汰落后产能，大力发展生态经济，实现结构减排；三是提升环境监管水平，实现管理减排，将污染控制在最低水平，改善环境质量，创造良好的人居环境。

贵州省生态保护与建设战略任务主要为加大水土流失治理和石漠化治理力度，进一步扩大退耕还林还草面积，提高森林覆盖率，提高生态承载力，维护国家生态安全。

1. 强化生态保护与建设，构建绿色屏障

贵州省通过大力推进"退耕还林工程荒山造林""天保工程封山

育林""石漠化综合治理试点""石漠化综合治理工程""特色商品林
示范基地"和"特色经果林建设"等生态建设工程，水土流失与石漠
化面积有所改善，森林覆盖率高于全国平均水平20%左右，位居全国
第11位。但由于贵州省80%都是典型的喀斯特岩溶地区，生态环境
非常脆弱，在人口不断增加和资源开发不当的影响下，水土流失、石
漠化严重，湿地面积减少，高原湖泊水环境恶化、外来物种入侵和历
史遗留尾矿污染等问题依然突出，保护好生态环境是贵州省实现可持
续发展、跨越式发展的先决条件，因此，生态保护工作是重中之重。

把防治水土流失和石漠化与农业产业结构调整、森林绿化建设、
地方经济发展、乡镇村环境综合整治、农民脱贫致富有机结合，促进
生态效益、经济效益和社会效益的协调统一。

（1）加大水土流失治理力度

实施水土保持工程。以国家水土保持重点工程为龙头，治理水土
流失、减少泥沙危害为重点，坡耕地改造和建设基本农田为基础，以
小流域为单元，集中连片，治坡与治沟相结合，造林种草与封育管护
相结合，骨干工程与一般工程相结合，工程措施、林草措施、保土耕
作措施合理配置合理规划；通过实施小流域综合治理工程，使水土流
失灾害明显减轻。

（2）加大石漠化治理力度

深化推进石漠化综合治理。陡坡耕种是造成水土流失和石漠化的
主要根源，加快坡耕地治理。

（3）提高森林总量与质量

一是探索多种途径，提高森林总量。通过实施退耕还林工程、天
保工程、珠防工程等林业生态工程建设，提高营造林面积；实施石漠
化综合治理植被恢复工程；二是优化森林结构，提高森林质量。将中
幼林抚育和低效林改造作为工作重点；培育林业特色产业，重点发展

木本粮油、木竹材加工原料林。三是加强林业基础设施建设，促进林区和谐稳定。对国有林场实施危旧房改造、林区道路，人畜饮水工程建设；四是加强城市绿化力度，改善人居环境。加强街心花园、交通通道和城郊绿化，探索实施城市立体绿化。

（4）加大矿区生态修复力度

实施铅、锌冶炼矿渣堆存区生态恢复工程，加快炼硫区、炼锌区、废弃矿山环境治理和生态恢复治理的步伐；按照"谁破坏、谁恢复，谁污染、谁治理"的原则，建立采矿企业生态环境保护与恢复责任制和矿山环境保护与生态恢复保证金制度，确保矿区生态环境得到恢复和保护，创建文明和谐矿区。

科学推进生态多样性保护。加大生物多样性保护基础管理投入，建立生物多样性数据库，提高管理人员专业水平；加大科学研究的投入，探索防止或控制物种入侵。

（5）加强自然保护区建设

巩固提升已建自然保护区等级，新建一批自然保护区，加强野生动植物栖息地和原生地保护；进一步加强自然保护区基础设施建设，努力提高自然保护区管理水平。

（6）加强农村生态环境综合整治

农村环境综合整治应与建设无公害农畜产品生产基地、促进农村生产结构调整相结合，与退耕还林还草、保护生态植被和发展生态旅游相结合，与农村改厕、改圈、改厨相结合，与小城镇建设，移民搬迁相结合，与扶贫攻坚和新农村建设相结合。

（7）持续推进生态文明村镇建设

结合小集镇建设、生态移民、茅草房改造和生态旅游等工程建设，合理调整乡镇工业和村镇建设布局，引导乡镇工业向乡镇工业小区集中，农民居住向中心镇村和社区集中，促进生产方式、生活方式的转变，实现污染物集中处理、达标排放。推进"五改"（改路、改水、改厕、改灶、改造住房），整治脏、乱、差现象，达到人畜分居，禽畜圈养，村道硬化。组织农民开展"清洁家园、清洁水源、清洁田园"、和"生态文明村镇"建设活动，改善农村面貌和居住环境。

（8）着力解决农业面源污染

建立种草—养殖—沼气—粮（林、果、药、菜）、养殖–厕–沼–燃料、养殖–沼气–种植–养殖的立体种养型、生态果园型等多种循环经济模式；推广应用有机肥，降低农药、化肥使用强度，发展有机食品、绿色食品和无公害食品；实施"禁养区""限养区"工程，关闭搬迁禁养区内的规模化畜禽养殖场，加大畜禽养殖、农家乐等污染治理力度；提高秸秆综合利用率，推进农业面源污染长效管理机制的建设。

（9）推进生态县市、生态文明示范村镇等的建设

通过推进生态市、生态县、生态文明建设试点和环境优美乡镇等生态示范创建工作，探索多渠道、多手段推进生态保护与建设，提升生态保护水平。

2. 深化环境综合治理，促进污染减排

（1）推进产业绿色转型，降低工业污染

推进产业绿色转型。以节能减碳、污染减排为抓手，经过技术改造、建设和完善污染治理设施，促进工业企业降低资源、能源消耗水平和污染物排放强度，实现产业的生态化转型；加速淘汰重污染企业和落后生产能力、工艺、设备和产品。实行强制淘汰，依法取缔关闭能耗物耗高、污染严重的企业，逐步解决结构型污染问题，推动工业产品结构由初级为主向中高端和高附加值为主转变，为重点发展行业的集约发展腾出环境容量；加强重点行业污染监控力度，提高工业废水排放达标率。对电力、磷化工、煤化工、煤炭采选、金属矿采选、

建材、炼铁、炼焦、炼锌、电石、铁合金等重点行业实施重点监控，确保工业点源实现达标排放；提高煤矿等企业水污染治理水平，推进电力等行业大气污染综合治理进度，防止污染反弹，完成总量减排任务；加强重点行业重金属污染防治。以有色金属矿（含伴生矿）采选业、有色金属冶炼业、化学原料及化学制品制造业等行业为重点，加大防控力度，加快淘汰落后产能，坚持新增产能与淘汰产能等量置换或减量置换，禁止在重点区域新改扩建增加重金属污染物排放量的项目，健全重金属污染健康危害监测与诊疗体系。大力推进企业清洁生产审计与 ISO14000 环境管理体系认证。提高企业遵守环境保护相关法律法规的自觉性和履行环保责任的认识，通过提升企业环境管理水平，实现节能、减排和增效；提高加强企业环境风险管理水平，有效控制环境污染事故的发生；控制工业固体废物特别是危险废物污染，提高废弃化学品、煤矸石、粉煤灰、炉渣、冶炼废渣、尾矿等的回收和循环利用。遏制重金属污染事件高发态势。

（2）严格控制产业转移中的污染转移

贵州省是我国产业转移的承接区，通过承接东部发达省份的产业，可以使贵州经济实现较快发展。但在承接哪些产业方面则需要慎重考虑，严格限制"三高"产业的承接，必须符合产业发展方向，环境保护要求，否则，不但不能带动贵州省经济的发展，还会拖了环境保护的后腿，得不偿失。

营造良好的投资环境是有效承接产业转移的关键，但盲目地承接，一切都拿来的承接，则是不可取的。当前，贵州省的生态恶化趋势尚未得到有效遏制。随着社会经济的发展，水土流失、石漠化治理和水源涵养和可持续发展之间的矛盾越来越突出。生态环境保护建设已经进入攻坚期，单纯依靠贵州省自身的资金难以实现保护目标，因此，国家投资的各种生态环境建设和保护工程已经不能满足需要，迫切需要建立针对生态脆弱地区的差别化生态补偿机制。按照"谁开发谁保护，谁破坏谁恢复，谁受益谁补偿"的原则，重点在生态建设长效机制和生态补偿机制两方面取得突破。

（3）构建城乡统筹的环保基础设施体系，降低生活污染

通过多方筹措资金，加大投入，建立与完善城乡统筹的污水收集处理体系、垃圾收运与处理体系，有效控制生活污染。完善污水处理设施建设。一是加快污水处理厂及污水管网建设，提高污水处理水平；二是提高现有污水处理厂的化学需氧量、氨氮的去除效率，将各种污染物排放量控制在标准要求的水平；三是完善中水回用系统，提高中水产量，在城市景观绿化、工业企业、社区，机关及服务业推行中水回用，缓解水资源紧张趋势；四是新建污水处理厂应做到"厂网并举、管网先行"，采用先进处理技术和再生水处理技术，实现达标排放，提高再生水的质量与产量。完善垃圾无害化处理设施建设。做好垃圾管理长远规划，推进垃圾管理从"末端管理"向"全过程管理"的转变，将垃圾减量化、资源化和无害化即"三化"作为垃圾管理的总体目标。一是完善生活垃圾处理设施的城乡一体化建设，提高农村地区生活垃圾无害化处理率；二是推行生活垃圾分类收集、分类运输和分类处理，最终实现垃圾减量；三是完善现有生活垃圾处理厂渗滤液处理，填埋气的处理，实现达标排放。加强危险废物管理。加强机动车尾气污染治理。通过发展便利的、绿色公共交通体系，引导公众乘坐公交出行或使用自行车；推行高品质油品的使用，降低污染物的排放量；建立适度立体的交通路网，提高交通管理水平，降低交通堵塞率。

3. 提升资源能源利用效率

（1）节约水资源

建设项目节约用水设施做到"三同时"，即新建、改建、扩建建设项目节约用水设施应当与主体工程同时设计、同时施工、同时投入

使用，建设项目竣工验收应当包括节约用水配套设施的内容；大力推广节水型器具；工业用水应做到循环利用、重复利用、一水多用，大力提高工业用水重复利用率；加强跑、冒、滴、漏管理。

（2）提高能源效率

一是提高附加值高的煤产品的供应比例。贵州地区拥有较高的煤储量，煤的供应能够得到保证，在今后的一段时期，煤仍将是主要能源，因此，应加大技术研发与技术革新力度，提高高品质煤产品的深度开发技术，以提高煤的利用效率，降低污染水平。二是调整能源结构。贵州省地区主要是以煤炭为主的能源结构，且能耗强度处于较高水平，因此，应逐步提高太阳能、电能、燃油（燃料柴油含硫率＜0.5％）、燃气等清洁能源供应比例，减少化石能源的使用量，降低废气的排放量。三是突出抓好重点领域的节能工作。对重点产业、重点企业能耗实施限额管理；公用设施、城市道路照明中增加高效光源的使用比例，限制使用高压汞灯，禁用白炽灯；在宾馆、商厦、体育场馆、居民住宅中大力推广高效节能照明产品和空调节能技术，引导合理的消费模式和生活方式；加快建设便捷、高效、节能的综合交通运输体系；大力发展户用沼气工程，推广秸秆气化和太阳能利用。

（3）提高土地利用效率

贵州省山多地少，平地更少，城市建设用地非常紧张，但目前土地利用效率并不高，因此，应通过合理制定土地利用规划，提高土地利用强度，提高建筑容积率；通过盘活城市存量土地，挖潜、提升城市用地效率；转变粗放型的土地管理模式，严格控制城市规模的盲目无序扩张。全面提升城市土地集约利用水平，提高土地效益。

4. 提高生态环境保护的保障能力

（1）加强环境管理能力建设

全面提高政府机关单位的环境管理水平。在政府机关单位推行实施 ISO14001 环境管理体系认证，通过建立环境管理体系，将可持续发展理念贯彻到政府机关的日常管理中，提升政府机关的环境管理整体水平。加强县乡基层环境管理能力建设。增加对基层特别是县、乡一级的环保机构的资金投入力度，尽快解决县级环保机构的办公用房问题；加强县级监测站技术装备建设，提升基层环境管理机构对生态环境的监督管理能力的建设，转变环境管理手段落后的局面；加快环境监督执法能力建设，重点提高现场执法能力和应对突发性污染事件的能力；加强环境科学技术的基础能力建设，通过建设环境科技创新基地和重点实验室提升科研水平。

（2）健全生态环境风险预警防控体系

当前，全国乃至全世界环境污染事故频发，环境污染风险加大。由于环境污染事故所造成的环境损害要远远大于正常排放，甚至是不可逆的，因此，必须重视环境事故与环境风险的管理，建立完善突发环境事故应急预案、决策响应系统。将重点流域、重点区域、重点行业和重点设施作为防控的主要对象，把环境安全隐患消除在萌芽中。一旦发生突发环境污染事故，各级政府和有关部门及时采取果断措施，科学处置，把危害和损失控制在最小程度。

（3）加大环境执法力度

将企业排污检查和建设项目违法违规检查作为监督执法重点。特别是对有违法偷排行为、建设项目"未批先建"等环境违法行为，要依法处理。充分发挥环评前置审批的作用，提高新建项目环保准入门槛，对不符合国家产业政策和环保要求的项目一律不予审批，严格控制能耗高、污染严重的落后产能上马，提高产业发展的起点；新建项目必须采用清洁生产工艺和设备，使资源消耗和排污强度达到规定的标准；项目审批应符合环境功能区划或环境质量目标及总量控制要求，建立新建项目水污染物新增量的限值审批制度，改、扩建项目的污染物增量应在原有项目中消化；将村镇工业污染源的排放作为环保重点监管工作；推进规划环评工作，对城市规划、土地规划、区域资源开发、各类开发区、行业发展专项规划等开展环境影响评价工作，控制并避免因重大政策的实施而导致的环境问题。

（4）增强自主创新能力

促进贵州省经济增长主要通过人力资源水平、科技水平、装备水平、管理水平等自主创新能力的综合提高来实现。贵州省地区单位GDP能耗、水耗，以及污染物排放强度都处于较高水平，因此，必须通过提升自主创新能力，着力突破制约经济社会发展的关键技术，采用高新技术改造传统产业，鼓励和扶持拥有自主知识产权的优势产业，为改善生态环境提供推动力。

5. 推进生态文明建设

（1）加大宣传力度，使公众树立生态价值观

通过持续的宣传与教育，使全社会逐步树立一种尊重自然、爱护生态、保护环境、人与自然协调和谐的发展观。

（2）运用经济手段，抑制高耗能产品的生产与消费

通过提供财政补贴，对开发低碳、低耗产品、综合利用自然能源、投资低碳生产流程的企业，在贷款、税收等方面给予优惠等措施，引导企业生产环境友好型、低碳环保产品；鼓励消费者购买环境友好型商品，实现低碳绿色生活。

（3）建立绿色供应链

利用大贵州省地区都市区现代物流的优势，通过制定引导企业生产环境友好型产品、环境标志产品、生态标签产品、绿色农产品的鼓励政策，逐步形成全国绿色产品供应链，打造"绿色物流中心"，并向全国提供"绿色生态产品"，通过生态环境保护，提升产品附加值。

（4）培育绿色生产与消费的氛围

在全省大力推进"绿色学校""绿色饭店""绿色工厂""绿色社区"等创建工作，培育绿色生产与消费的社会氛围。引导公众购买绿色产品、节约用水、用电、爱护环境，逐步形成适度、低碳的消费习惯；引导企业公开环境信息，积极开展清洁生产认证、环境管理体系认证，承担企业环保责任。

第三章

构建"生态大康养"格局，形成国家生态文明试验区建设新动能

一　大康养内涵及其在生态文明建设中的定位

没有全民健康，就没有全面小康。党的十九大提出要"实施健康中国战略"，要寻找绿色发展的新动能。目前，"康养"一词正在被社会各界所关注，然而就现有的国家法律法规和政策文件来看，尚没有明确的界定和具体的设计。从字面上看，"康养"主要体现为"健康＋养生"。"健康"，不仅是指没有疾病，还指身体、心理各方面的一种良好的状态（WHO，1948），而"养生"一词最早出现在《庄子·内篇》上，养是保养、护养，生是生命、生存，养生就是通过各种调理、保养等增强对外界环境的适应能力，使身心处于一个最佳状态。康养亦是一个社会文化重构的概念，崇尚自然，因为与自然进行物质的交换是维持个体健康的基础，提倡人和自然的和谐，通过养颜健体、营养膳食、修身养性、医疗服务、关爱环境等多种手段，来达到身体与环境的平衡、心理精神的愉悦、人和自然的共生、人和社会的和谐。因此，从康养自身的内涵来看，康养的理念和生态文明的主旨一脉相承，尊重自然生态，谋求和谐共生，提升人民福祉。

从实际应用来看——康养理念是根据时代发展、社会需求与疾病谱的改变，提出的一种全局理念。有助于提高民众健康素养，接受科学的健康指导和正确的健康消费。它围绕着人的衣食住行以及生老病死，关注各类影响健康的危险因素和误区，提倡自我健康管理，是在对生命全过程全面呵护的理念指导下提出来的。它追求的不仅是个体身体健康，还包括精神、心理、生理、社会、环境、道德等方面的完全健康，提倡的不仅有科学的健康生活，更有正确的健康消费等。它的范畴涉及各类与健康相关的信息、产品和服务，也涉及各类组织为了满足社会的健康需求所采取的行动①，包括环境保护和生态修复。

大康养，是一个更系统的概念，包括康养文化、康养产业、康养产品与消费、康养政策等，涵盖了资源节约、环境保护、节能减排等尊重自然、顺应自然的理念，以及生态型发展、绿色发展的基本特征，具有系统性、地域性，是一个地区经济发展的总纲，所构建的是人和自然和谐共生的发展格局。

大康养可以分为几种类型：一是体验感受式，时间大约为一个星期；二是旅居式，一个月左右；三是避暑式（季节性的极端气候），三个月左右；四是气候偏好，半年左右；五是常年性养老养生、修养疗养，半年以上。

以康养为支点，构建大康养的发展格局是以康养的理念来统领相关产业的融合发展、谋划布局、环境打造、消费引导等，为环境保护、绿色发展等生态文明建设增添了新动能，为结构调整、供给侧改革提供了新路径，有利于推动生态文明建设融入经济建设、政治建设、文化建设和社会建设各方面和全过程。

构建大康养格局，其中核心是康养产业的培育与发展，其存在于人们生活中的多个领域，包括衣食住行、娱乐旅游、文体医疗等，"小到一杯水，大到一栋房子，与人有关的领域"。可以说，康养产业涵盖领域很广，其产品领域几乎覆盖了医药产品、生物产品、化妆品、保健（功能）食品、绿色食品、器械以及与健康有关其他全部有形产品或无形服务等直接关系到人的生命与健康的所有部分。

---

① http：//blog. sina. com. cn/s/blog_ a85daca50102wv2r. html，访问时间 2017 年 10 月 13 日。

康养产业具有几个基本的特点：一是产业体系内涵更加丰富；产业规模不断做大、产业业态持续丰富；产业链条更加完善；政策红利层层加码；产业发展空间巨大；服务领域成为带动产业投资的关键领域等。

不可否认，在新时代，康养作为国家战略具有时代的实际价值。全国政协副主席、中国科学技术协会主席、九三学社中央主席韩启德院士指出"医疗对人的健康只起8%的作用，更多的是由生活方式、生活条件、经费的保障来决定"。需要注意的是，打造国家康养产业，必须摆正医养的位置、提升疗养的功能、创立旅养的价值。如果把整个大健康产业比作海上的一座冰山，那么，治病救人的医药事业只是冰山一角，而治未病的保健事业尚沉在海面下，大得惊人，它紧紧围绕着人们期望的核心，让人们"生得优、活得长、不得病、少得病、病得晚、提高生命质量、走得安"，倡导一种健康的生活方式，不仅是"治病"，更是"治未病"。保护环境、绿色生产、绿色消费，增加生态产品供给，提高身体素质，消除亚健康，做好健康管理和健康维护，绘就发展新图景，满足人民美好生活的向往。

当前，在国际上，康养产业正在蓬勃发展（见附件2 国外康养产业发展的一些典型实践）。一些国家或地区形成了各具特色的康养模式和康养产品及服务，例如，日本重视具有医疗效果的温泉养生；法国以农业为依托，逐渐向旅游、文化、商业等多领域渗透，打造相关产业链的慢生活、庄园式的康养；瑞士通过营养餐的配送、健康检查、运动健身等进行康复医疗、抗老养生；阿尔卑斯融合山地运动、瑜伽养生、森林养生和温泉养生，形成一种复合式的康养模式；等等。康养市场规模正在不断扩大，不仅体现在人数上，还体现在市场收益上，Global Spa Summit 数据表明，2017 年全球康养旅游市场预计收益约达 6785 亿美元，相比 2012 年 4386 亿美元的市场收益足足增加了将近 2400 亿美元。而我国康养产业发展目前还处于探索阶段（见附件 3）。总体来说，我国的康养产业一是没有形成有效的规模，二是没有形成系统的产业链，更有一些地区康养产业流于形式，变成了房地产圈地。相关的政策体系还不完善，"医养结合"的养老模式缺乏有效的政策支持，目前各地尚未形成养老、医疗、休闲等多位一体的综合性健康与养老服务体系，致使相关产业无法得到突破性发展。

贵州要想实现更加充分的发展，需要发现和培育新的增长点，形成新动能。贵州进行国家生态文明试验区建设，也不能简单地就生态系统培育保护、生态资源有效配置本身来制定系列政策，而应力求将建设生态文明试验区与发展生态引领型的一些关键产业、引擎型产业、战略性产业，统筹起来谋划部署，并为促进环境保护、绿色发展制定具体的引导政策。大力发展这种有利于生态环境保护而又撬动经济持续增长的大康养产业类型，无疑可直接为生态文明试验区建设增添绿色发展新动能，完善机制体制及绿色发展政策设计，从而建设高水平、持续发展的国家生态文明试验区。而且，以此为重点突破，不仅可以有效推动贵州全省生态环境保护、扶贫攻坚和生态文明建设，促进全省守住生态环境保护和经济社会持续发展的两条底线，而且对于切实践行"绿水青山就是金山银山"，"两山"一起建，"两个利益"一起收获具有重大的战略意义。

二　贵州发展大康养的需求及机遇

随着经济社会的快速发展，人们希望过上高品质生活的愿望越来越强烈、要求越来越高，健康已成为人们生活的一种普遍追求。同时，中国已经进入并将长期处于人口老龄化社会，养老问题受到越来越多人的重视。"身体健康、心情愉快，生有所养、老有所乐"成为人们对幸福生活的基本诉求。正因如此，涵盖养老、养生、医疗、文化、体育、旅游等诸多业态的康养产业已引起国家的高度重视，贵州发展大康养产业，不仅是落实国家健康中国战略的需求，而且也是当前中国社会发展的民生诉求，更是贵州将人口红利转向生态红利，寻求新的绿色发展增长点的客观需要。

1. 是惠民生、落实健康中国战略的需求

健康是人全面发展的基础和必要条件。养老问题则是我国当前最重要的社会问题之一。我国老年人口数量庞大，养老形势严峻，需求层次多样，全社会"健康老龄化"产生的巨大刚性需求亟待满足。党的十九大报告指出，人民健康是民族昌盛和国家富强的重要标志。习近平总书记在大会上强调"积极应对人口老龄化，构建养老、孝老、敬老政策体系和社会环境，推进医养结合，加快老龄事业和产业发展"。

事实上，自2013年以来，国务院已先后出台了《关于加快发展养老服务业的若干意见》《关于促进健康服务业发展的若干意见》《关于促进旅游业改革发展的若干意见》等指导性文件，正在逐步形成国家对康养产业的顶层设计（见附件1）。贵州发展大康养，具有良好的政策环境和支撑，一头连接民生福祉，一头连接经济社会发展，是惠民生、落实健康中国战略的时代需求。

2. 是调结构、转方式的必然要求

一方面，康养产业的发展状况直接影响现代服务业的发展水平，从而影响经济结构调整的完善程度。另一方面，健养产业是增长性和可持续性更为强劲的产业，当前人口红利正在逐渐消失，发展康养产业可以助推经济发展方式成功转型，促进经济社会可持续发展。

贵州省利用其资源环境优势，构建大康养格局，以康养为支点，统筹经济社会发展全局，蕴含拉动经济发展的巨大潜力，可以促进工业转型、农业发展、城乡一体、环境保护、民生改善，实现发展新的跃升，切实推进国家生态文明试验区建设。

3. 对扩内需、促就业、完善体制等具有重大现实意义

康养产业属于健康服务业中的新兴产业，覆盖面广、产业链长，能推动体育、卫生、旅游、文化创意、金融服务、农业、服务业、高端服务型制造业等产业的有机融合，能对众多上下游产业发展产生强劲的带动效应。能够带动脱贫创业致富，带动就业。

党的十九大报告指出，要促进第一、第二、第三产业融合发展，支持和鼓励农民就业创业，拓宽增收渠道。贵州省发展康养，可以促进城乡之间、第一第二第三产业之间等深度融合，进一步创新完善体制机制，全面推动城乡建设、基础设施、环境保护、生态修复、科技培训等，打好扶贫攻坚战。

综上所述，伴随着我国人口老龄化加速、环境问题累积严重、慢性病患病率快速上升、城市亚健康群体急速增长等，社会对多层次健康服务的需求日益增长，对优质环境和优质生态产品愈加向往，基于社区和家庭的养老服务、基于医疗和养生的旅游服务、基于农工业有机结合的绿色养生产品等存在巨大刚需，聚合医疗卫生、养老养生和健康旅游，蕴含"医、养、游"三大基因的康养产业迎来了前所未有的发展机遇。贵州省发展大康养，是贯彻以习近平同志为核心的中共中央"五位一体"总体布局、"四个全面"战略布局、"五大发展理念"和供给侧结构性改革战略部署的具体行动，是解决当前"人民日益增长的美好生活需要和不平衡不充分的发展之间的矛盾"，实现"人民对美好生活的向往"，顺应中国新的发展阶段、社会结构的新变化，满足"健康老龄化"以及生态文明建设千年大业的刚性需求的长久之计。

三　贵州发展大康养的基础与条件

贵州省发展大康养，不仅是适应国内外宏观形势的要求，同时符合省情和自身的资源禀赋。

1. 生态康养资源丰富

贵州省是国内自然资源丰富的省（自治区、直辖市）之一，有着极为突出的资源优势。尤以生物、能源、旅游资源得天独厚，最具特色。生物种类繁多。全省有野生动物资源 1000 余种，其中黔金丝猴、黑叶猴、黑颈鹤等 15 种列为国家一级保护动物；二级国家保护动物有 69 种，主要有：穿山甲、黑熊、水獭、大灵猫、小灵猫、林麝、红腹雨雉、白冠长尾雉、红腹锦鸡等。植物资源有森林、草地、农作物品种、药用植物、野生经济植物和珍稀植物等六类。银杉、珙桐、桫椤、贵州苏铁等 15 种列为国家一级保护植物。贵州的生态环境优越，水资源丰富，气候条件与空气质量绝佳，是迷人的天然"公园"，其自然风光神奇秀美，山水景色千姿百态，溶洞景观绚丽多彩，野生动物奇妙无穷，文化和革命遗迹闻名遐迩；山、水、洞、林、石交相辉映，浑然一体。闻名世界的黄果树大瀑布、龙宫、织金洞、马岭河峡谷等国家级风景名胜区和铜仁梵净山，茂兰喀斯特森林、赤水桫椤、威宁草海等国家级自然保护区，犹如一串串璀璨的宝石，五光十色，令人目不暇接、流连忘返，而以遵义会址和红军四渡赤水遗迹为代表的举世闻名的红军长征文化，更让人驻足凭吊，追思缅怀。贵州省冬无严寒、夏无酷暑的宜人气候，使其成为理想的旅游观光、养生养老和避暑胜地。

2. 民族人文底蕴深厚

贵州是一个多民族共居的省份，全省共有民族成分 56 个，占全国民族的 87.5%，其中世居民族有汉族、苗族、布依族、侗族、土家族、彝族、仡佬族、水族、回族、白族、瑶族、壮族、畲族、毛南族、满族、蒙古族、仫佬族、羌族等 18 个民族，这些民族用他们的智慧创造了厚重多姿的文化，留下众多弥足珍贵的物质和非物质文化遗产：神秘的信仰崇拜、内涵的谚语诗歌、欢乐的音乐舞蹈、风格不一的民族服饰和建筑，构成了贵州历史悠久、灿烂丰富的民族民俗文化资源，形成"十里不同风、五里不同俗、一山不同族"的独特景象，彰显着古朴浓郁的民族风情和多姿多彩的文化艺术，被称为"文化千岛"。其尊重顺应自然的理念，淳朴简单归依宁静的生活方式，吸引着居客远离城市的喧嚣，减缓工作生活的压力，融入自然，宁心静神，感受心灵的氧吧。

3. 优质食材及卫生资源支撑

贵州食材、中药材资源丰富，种植历史悠久，健康药食材产业发展的自然、气候和区位优势明显。近几年，贵州绿健神农、贵州济生农业、贵州黔宝食品、贵州山王果、平塘万斛园、贵州艾力康等企业逐渐壮大，山珍产品、有机食品供应充足。夜郎无闲草，黔地多良药，贵州省有丰富的药用植物 3924 种，占全国中草药品种的 80%，是全国四大中药材产区之一。在国内外具有一定影响，品质优良的珍稀名贵植物有珠子参、三尖杉、扇蕨、冬虫夏草、鸡枞、艾纳香（天然冰片）等 6 种。此外，天麻、石斛、杜仲、厚朴、吴萸、黄檗、黔党参、何首乌、胆草、天冬、银花、桔梗、五倍子、半夏、雷丸、南沙参、冰球子、黄精、灵芝、艾粉等有地道药材之美称。贵州省当地当季新鲜的食材、绿色有机食品、康养药材及独特的苗医药文化等为贵州大康养产业的发展提供了很好的药食材支撑及医疗保障。

4. 区位优势改善与凸显

"十二五"以来，贵州省的交通建设取得历史性突破。当前，随着一条条高速公路、高速铁路的不断建成，一条条飞机航线的开通，有效将成渝、长株潭、黔中经济区等连在一起，贵州省作为西南重要陆路交通枢纽的地理区位优势不断凸显，成为"一带一路"和长江经济带战略的重要通道，缩短了中西部陆路交通的时空距离，为西部省份优化资源配置创造了良好条件，极大地助推贵州积极参与"一带一路"和长江经济带等国家战略的实施，为构建全方位对外开放新格局打下了坚实基础。贵州省山门打开，贵州的人流、资源、物品可以大踏步"走出去"，外面的客商、游人、资金可以快速涌进来，有利于康养产品和服务市场的繁荣与拓展。

5. 绿色发展战略先机抢占

贵州作为长江、珠江上游生态屏障，筑牢绿色屏障，守住绿水青山，是一方经济健康发展的保证。近年来，贵州以生态文明先行示范区建设为抓手，坚持以生态文明理念引领经济社会发展，推动发展和生态两条底线一起守、两个成果一起收，为生态"留白"、给自然"种绿"，因势利导，依托优势，建设绿色家园，在山水绿影间让居民望得见山、看得见水、留住了乡愁，率先落实流域生态补偿机制、引入第三方进行污染治理、积极发展绿色金融等生态制度创新，探索走出了一条经济发展与生态保护双赢的新路子。当前，贵州省又作为国家第一批生态文明试验区，为进一步深化生态文明体制机制改革，寻找路径，完善制度建设，这为贵州省大康养的发展抢占了创新机制的战略先机，也为进一步推动贵州省的绿色赶超提供了制度保障。

民众所需，就是发展所在，我们的民生领域和生态文明建设还有不少短板。总体来说，贵州省新时代要有新作为，要在切实学习贯彻中共十九大精神的基础上，紧紧抓住康养产业快速发展的机遇，用十九大精神指导康养产业，用产业的思想谋划康养产业，把康养产业发展融入贵州省发展全局，构建大康养格局，依托大康养，为贵州省国家生态文明试验区建设增加新动能，完善机制体制，积累可复制推广的经验、路径。贵州的大康养，正逢其时，正合民意，前景无限光明。

表 1 总结了贵州发展大康养的良好生态优势、区位优势和战略优势。

表 1 贵州发展大康养的基础与优势

生态优势	高度	据生理卫生实验研究，最适合人类生存的海拔高度是 1000~1500m。贵州平均海拔在 1100m 左右，过渡带和二半山阶地海拔均在 1500m 以下，长期居住非常有利于人的健康长寿
	温度	人体最适宜的温度是 18~24℃。贵州一年之中绝大部分时间的温度在 18~19℃，可与瑞士媲美
	湿度	据科学实验，人体最适宜的健康湿度在 45%~65% RH。贵州年均湿度一般在 50%~60% RH，人体感觉比较舒适，而且有利于人体健康
	优产度	贵州物产丰富，独特药材、山珍产品、有机食品等为生态康养产业发展提供了物质基础
	洁净度	空气优良天数比例保持在 96.6% 以上。地表水出境断面水质、稳定在 Ⅱ 类标准以上
	绿化度	贵州森林覆盖率全省达到 52% 以上，远远超过全国平均水平，而且在过去的十几年里，贵州人均森林面积大致相当于增加 1000 平方米，每人年均新增 58.36 平方米、
	其他	贵州有国家级自然保护区 10 个，省级自然保护区 5 个，被誉为天然"大公园"，特殊的喀斯特地质地貌、原生的自然环境、浓郁的少数民族风情，形成了以自然风光、人文景观和民俗风情交相辉映的丰富旅游资源，风景名胜区、保护区、全国重点文物保护单位，名胜古迹遍布全省
区位优势	区位	贵州是西南五省区中唯一与其他四省市都相邻的省份。贵阳引领的黔中经济区，北邻长株潭，南靠北部湾经济区，西接环东盟经济区，区位优势突出，堪称中国西部的"十字路口"
	交通	贵州目前已经初步形成"覆盖全省、通达全国、内捷外畅、无缝衔接"的综合交通运输体系，向东打通连接长三角的高速通道，向西建成通向东盟的国际高速大通道，向南通过高速通道融入珠三角，向北实现与古丝绸之路的高速连接
战略优势	区域发展	参与"一带一路"和长江经济带等国家战略的实施，构建全方位对外开放新格局
	扶贫攻坚	坚守两条底线，连片扶贫攻坚区，全面小康
	生态文明建设	第一批国家生态文明试验区

第四章

大康养产业发展与生态友好的
供给侧结构优化

贵州轰轰烈烈的生态文明建设已经开展了一段时间，在推动传统产业绿色化的同时，正大力发展现代山地特色高效农业、天然饮用水和生态旅游等生态产业。已创建国家级循环经济示范试点 20 个，节能环保产业总产值超过 500 亿元，新能源发电装机容量达 370 万千瓦。"十二五"期间，贵州地区生产总值增速连续五年居全国前三位，年均增长 12.5%。

贵州是长江和珠江"两江"上游重要的生态屏障，生态环境良好但比较脆弱；同时也是全国贫困人口最多、减贫任务最重的省份。在贵州探索出一条欠发达省份经济和生态"双赢"的发展路径，具有重要意义。

此次，国家在《关于设立统一规范的国家生态文明试验区的意见》中谈到，试验重点之三是：有利于推动供给侧结构性改革。这是把生态产业发展提升到了一个新的高度。

一 贵州生态产业发展

1. 系统性问题

贵州的生态产业已经走上了快速发展的轨道；但就单一产业而言，生产、流通、消费、回收、环境保护及能力建设的纵向结合远远不够；就产业整体而言，在将工业、农业、居民区等的生态环境和生存状况形成一个有机系统等方面还有很长的路要走。

生态产业是按生态经济原理和知识经济规律组织起来的基于生态系统承载能力，具有高效的生态过程及和谐的生态功能的集团型产业。不同于传统产业，生态产业将生产、流通、消费、回收、环境保护及能力建设纵向结合，将不同行业的生产工艺横向耦合，将生产基地与周边环境纳入整个生态系统统一管理，谋求资源的高效利用和有害废弃物向系统外的零排放。以企业的社会服务功能而不是产品或利润为生产目标，谋求工艺流程和产品结构的多样化，增加而不是减少就业机会，有灵敏的内外信息网络和专家网络，能适应市场及环境变化随时改变生产工艺和产品结构。工人不再是机器的奴隶，而是一专多能的产业过程的自觉设计者和调控者。企业发展的多样性与优势度，开放度与自主度，力度与柔度，速度与稳度达到有机的结合，污染负效益变为资源正效益。生产产业建设需要在技术、体制和文化领域开展一场深刻的革命。

生态产业是包含工业、农业、居民区等的生态环境和生存状况的一个有机系统。通过自然生态系统形成物流和能量的转化，形成自然生态系统、人工生态系统、产业生态系统之间共生的网络。生态产业，横跨初级生产部门、次级生产部门、服务部门。

生态产业遵循生态经济原理和知识经济规律，以生态学理论为指导，基于生态系统承载能力，在社会生产活动中应用生态工程的方法，突出了整体预防、生态效率、环境战略、全生命周期等重要概念，是模拟自然生态系统建立的一种高效的产业体系。1987 年世界环境与发展委员会在《我们共同的未来》报告中第一次阐述了可持续发展的概念，得到了国际社会的广泛共识。可持续发展是指既满足现代人的需求又不损害后代人满足需求的能力。换句话说就是指经济、社会、资源和环境保护协调发展，它们是一个密不可分的系统，既要达到发展经济的目的，又要保护好人类赖以生存的大气、淡水、海洋、土地和森林等自然资源和环境，使子孙后代能够永续发展和安居乐业。很明显，生态产业不同于"传统产业"及"现代产业"，但又是对"传统产业"及"现代产业"的继承和发展。

自然生态系统形成了物流和能量的转化,形成了自然生态系统、人工生态系统、产业生态系统之间共生的网络。生态产业,横跨初级生产部门、次级生产部门、服务部门,包括生态工业、生态农业、生态服务业(第三产业)。

生态产业实质上是生态工程在各产业中的应用,从而形成生态农业、生态工业、生态服务业等生态产业体系。生态工程是为了人类社会和自然双双受益,着眼于生态系统,特别是社会—经济—自然复合生态系统的可持续发展能力的整合工程技术。促进人与自然和谐,经济与环境协调发展,从追求一维的经济增长或自然保护,走向富裕(经济与生态资产的增长与积累)、健康(人的身心健康及生态系统服务功能与代谢过程的健康)、文明(物质、精神和生态文明)三位一体的复合生态繁荣。

2. 贵州生态工业的发展

生态工业是指根据生态学与生态经济学原理,应用现代科学技术所建立和发展起来的一种多层次、多结构、多功能、变工业废弃物为原料、实现循环生产、集约经营管理的综合工业生产体系。

生态工业与传统工业相比具有以下几个特点。

一是工业生产及其资源开发利用由单纯追求利润目标,向追求经济与生态相统一的生态经济目标转变,工业生产经营由外部不经济的生产经营方式向内部经济性与外部经济性相统一的生产经营方式转变。

二是生态工业在工艺设计上十分重视废物资源化、废物产品化、废热废气能源化,形成多层次闭路循环、无废物无污染的工业体系。

三是生态工业要求把生态环境保护纳入工业的生产经营决策要素之中,重视研究工业的环境对策,并将现代工业的生产和管理转到严格按照生态经济规律办事的轨道上来,根据生态经济学原理来规划、组织、管理工业区的生产和生活。

四是生态工业是一种低投入、低消耗、高质量和高效益的生态经济协调发展的工业模式。

发展现状

A. 构建大数据全产业生态体系

2016 年以来，贵阳新引进大数据产业项目 520 个，投入运营 382个。2017 年上半年，全市新引进大数据产业项目 247 个（含数博会项目），投入运营 129 个，为大数据全产业生态体系的构建提供了重要支撑。

2016 年 5 月 24 日，作为 2017 年"数博会"系列活动之一，"提升政府治理能力大数据应用技术国家工程实验室"在贵阳高新区揭牌成立。

苹果公司也正式宣布，将投资 10 亿美元，在中国贵州省建立第一个数据中心。项目落成后，所有中国苹果用户数据将存储在这个位于中国内陆的数据中心中。

贵州大数据发展的优势如下：

（1）大数据需要大型数据中心承载，大型数据中心需要建在气候凉爽、能源充沛、地质稳定的地方，贵州正是天然之选。工信部评估报告显示，贵州是中国南方最适合建设大型绿色数据中心的地区。

（2）贵州在大数据产业上具备先发优势。在国内实现了多个率先：率先启动首个国家大数据综合试验区、国家大数据产业集聚区和国家大数据产业技术创新试验区建设等。

（3）贵州在大数据领域具有先行优势。大数据是新生事物，应用模式和产业模式都需要创新。在这方面，贵州省政府做了大量工作，出台各项政策，并为水电等使用提供优惠。

B. 黔酒产业担生态责走绿色路

贵州白酒在国酒茅台的引领下，着力绿色发展。

2011 年茅台集团就提出，要让酒厂绿起来、亮起来、美起来、文起来、撑起来、彩起来，把茅台酒厂建成一个花园工厂。

为了保护厂区环境，茅台集团斥资 2 亿多元，把所有煤锅炉改造成气锅炉，年减少燃煤量 14 万吨。2011 年以来，累计实现节能 3.8 万吨标准煤，茅台酒单位产品综合能耗下降至 1743 千克标煤/千升。

2016 年，实现 COD（化学需氧量）排放削减量 3200 吨，氨氮排放削减量 37 吨。污染物总量减排监测完成率、公布率 100%。茅台酒单位产品综合能耗下降 17.1%，厂区空气优良率达 99%。除此之外，茅台集团还在厂里修建了 3 个污水处理厂，污水处理达标率为 100%。

从 2014 年起，茅台集团每年捐赠 5000 万元，连续 10 年共捐赠 5 亿元，用于保护和治理赤水河流域。种植养护"茅台共青林"和"金奖百年"纪念林上千亩。

绿色是黔酒的底色和标牌，也是茅台的潜力和价值。茅台集团正加快推动生态利用型、循环高效型、低碳清洁型、环境治理型企业建设，率先在全国白酒行业打造绿色供应链，投入近 15 亿元，把茅台酒循环经济工业园建成绿色园区。茅台酒作为国内白酒行业率先通过 A 级"绿色食品"认证、有机食品认证和原产地域保护的健康品牌，将充分用好畅行国内外的绿色通行证，做足绿色营销的大文章。

2017 年，习酒开始建设资源节约型、环境友好型企业，组织全厂员工开展"保护母亲河"活动，共植树 3000 余棵，新增绿化面积 150 亩。同时，加强三废治理，全年减排 COD、氨氮、氧化硫、氮氧化物、烟尘等 1300 余吨。

多年来，国台酒业致力推动中国白酒由传统食品酿造产业走向现代生物产业，打造现代化酒厂。

茅台镇周边如中枢、坛厂、鲁班等小镇的绿色景区、酒企的绿色庄园如星星之火，遍地开花。

目前，贵州白酒产业已形成共识：坚持走质量高、生态美的酒旅融合绿色转型发展道路。通过推动绿色发展，从懂"绿"、爱"绿"、用"绿"不断向绿色经济迈进，谱写"绿色黔酒"新篇章。

问题与对策

（1）加强生态工业方面的基础研究

国际上关于生态工业的研究是在清洁生产研究之后，作为其升华和补充，在 20 世纪 80 年代末才迅速发展起来。中国起步更晚，因此要加强这方面的基础研究，根据国际研究趋势，应着重以下几个方面的研究。

第一，研究可减轻工业对环境影响的具体技术措施，这些措施包括废物零排放系统、物质替代、非物质化和功能经济。

第二，探索对整个工业生态过程进行分析、监测和评价的方法，包括物流平衡分析、产品或过程的生命周期分析与评价、工业生态指标体系的建立。

第三，创新可促进生态工业实现的制度，包括如何在市场规则、财务制度、法律法规方面做出相应的调整，以使生态工业的思想可以贯穿整个生产和生活过程。

（2）加强生态工业园的规划与建设

生态工业园是模拟自然生态系统的食物链（网）原理，把一定地域空间内的不同工业企业间，以及工业企业、居民与自然生态系统之间的物质转移、能量转换统筹起来，建立产业系统内的"生产者—消费者—分解者"的循环途径，实现物质闭路循环和能量多次利用的地域综合体，从而达到物质能源充分利用，向系统外零排放的目的。

（3）推行产业生态管理

产业生态管理的方法可以分为五类：第一类是面向产品环境管理的方法，即生命周期评价；第二类是面向绿色产品开发的方法，即产品生态设计；第三类是面向区域的规划方法，即生态工业园的规划；第四类是面向生态产业开发的方法，即生态产业孵化；第五类是面向可持续发展的生态管理。

3. 贵州生态农业的发展

生态农业是根据生态学与生态经济的原理，运用系统工程及现代科技方法组建起来的综合农业生产体系。

20 世纪 70 年代出现的西方生态农业，主张顺应自然、保护自然、低投入，不用化肥农药，减少机械使用，不再追求农产品的数量和经济收入，排斥现代科技的应用。极力强调生态环境安全、稳定，农业生产系统良性循环。

生态农业从农业的持续与协调出发，充分吸收现代石油农业强调农产品数量、效益、规模，以及注重应用科学技术和现代化管理技术的特点，同时吸收西方生态农业在保护农业自然资源和环境、减少污染、降低化学使用等方面的优点，因而具有自身的特点。

（1）追求生态效益与经济效益的统一。贵州的生态农业在提高生态效益的基础上提高经济效益，把提高生产力及效益作为基本目标。而西方生态农业更加注重生态的可持续性，对农业的产出与商品率并不关注。

（2）现代科学与农业的传统经验相结合。生态农业并不否定现代高新技术，并将废弃物处理技术、无土栽培技术、害虫综合防治技术等与传统农业重视有机肥投入和其他适用技术相结合，从而形成了多样的生态农业技术体系。西方生态农业限制现代化技术的应用，特别强调生态学基础。

（3）自然调控与人工调控相结合。西方生态农业则更注重自然调控，反对人为干预。

（4）综合性与区域性相结合。生态农业是一个综合农业生产体系，涵盖了农、林、牧、渔、加工、贸易等内容，具有综合性的特点。因贵州地域辽阔，因此，生态农业模式的建立强调根据地区特点，因地制宜。

发展现状

A. 贵州沿河："产业生态化"促产煤小镇实现"生态产业化"。

谯家镇彻底告别了过去"靠煤而生"的局面，开始朝着绿色发展、避暑养生、产旅一体的目标迈进。

贵州生态家禽产业

未来三年将实现"泉涌"式增长、"裂变"式发展，并全面覆盖66个贫困县（含14个深度贫困县）、20个极贫乡镇。

2019年，全省生态家禽出栏量将达到3亿羽，禽蛋产量30万吨，形成种禽繁育、生态养殖、屠宰加工、冷链物流配套完善的生态家禽生产经营体系。长顺绿壳蛋鸡、赤水乌骨鸡、乌蒙乌骨鸡等优质地方家禽品种快速成长，贵州省家禽产业初具规模。再加上交通物流条件的逐步改善，贵州省生态家禽产品进入珠三角、长三角、成渝以及华北等目标市场时空距离缩短、运输成本不断降低。

贵州省将进一步健全良种繁育体系、推进规模化标准化基地建设、大力发展新型经营主体、推动屠宰加工体系建设、加强动物疫病防控体系建设、加快推进技术服务和饲料保障等体系建设，推动贵州省生态家禽产业走上百姓富、生态美的发展之路。

"质量+生态"

贵州检验检疫局助推绿色优质农产品"走出去"。围绕增加绿色优质农产品供给，切实提升出口食品农产品的国际市场竞争力，以出口食品农产品质量安全示范区建设为着力点，增加有效供给，突出质量效益，推动贵州绿色优质农产品不断"泉涌"。

修文县创建出口猕猴桃质量安全示范区，通过构建出口猕猴桃质量安全标准化体系、农业投入品控制体系、质量安全可追溯体系和疫情疫病监测体系，推行"以企业为龙头、基地为依托、标准为核心、品牌为引领、市场为导向"的出口猕猴桃质量安全示范区"五位一体"发展模式，走出一条现代农业发展新路径。2017年9月，修文县成功创建国家级出口猕猴桃质量安全示范区。目前全县猕猴桃种植面积达16万余亩，综合产值达17亿元。

截至2018年8月，贵州省已建成湄潭茶叶、麻江蓝莓、兴仁薏仁米等国家级示范区8个、省级示范区21个。区内企业399家，示范区面积224.61万亩，劳动就业人数增长52.3%；区内产值达到11.75亿美元，出口创汇8717万美元。以茶叶为例，2018年1～7月出口货值金额4487.7万美元，同比增长102.7%。示范区出口量稳步增长，质量长期稳定，带动全省特色农产品出口跨越式发展。

围绕优势特色产品和生态资源优势，全省推广生态原产地产品保护。大方天麻、织金竹荪、六盘水猕猴桃、贵茶绿宝石等23种产品获国家生态原产地产品保护，数量居全国前列。

"生态立体农业"

"生态立体农业"助石漠化山村变"产业村"

特色村镇

恩慈天下生态产业基地启动仪式在安顺七眼桥大塘河村高效生态产业园举行，该基地拟投资100亿元，建农业、养老、旅游"三位一体"、生产生活生态同步改善、深度融合的特色村镇。

问题与对策

贵州生态农业颇具特色，成绩显著，但毕竟发展时间短，生态农

业示范区的面积小。因此，要使贵州生态农业上一个新台阶，需要加
强有关理论与实践问题研究。

（1）加强生态农业规划

生态农业建设，规划应先行，这是首要环节并具龙头地位。在贵
州生态农业发展中，规划设计方面仍感不足，应加强规划研究。生态
农业规划包括农业生产潜力、生态过程、生态格局分析，生态农业系
统敏感性和决策分析。它的第一目标是持续发展，第二目标是资源的
高效利用、社会的发达昌盛、系统关系的和谐稳定。

（2）研究、开发与推广克服农业发展阻碍因素、全面发展农业的
新技术

这些技术包括资源环境保护与开发技术（如水土保持治理技术、
防沙治沙技术、盐碱地治理技术等），配方施肥技术，以农作系统改
革、天敌繁殖捕放和生物农药研制与应用等为主的病虫害综合防治技
术，良种选育与繁殖技术等。

（3）深化生态农业理论研究

把生态农业的经验升华到理性认识，从而指导下阶段的生态农业
建设显得十分重要。其研究内容主要包括：生态农业研究方法论，生
态农业模式的总结与设计，生态农业价值评估体系以及生态农业的规
范化和标准化等。

4.贵州生态第三产业的发展

生态第三产业，就是要推行适度消费，厉行勤俭节约，反对过度
消费和超前消费。变生存消费观（物质、精神消费）为发展消费观
（物质、精神、生态消费），建立生态住宅。

生态住宅对于贵州山区非常分散的居民村组聚落，有特殊意义。所
谓生态住宅，就是符合生态要求，不污染环境，不危害人体健康的住
宅。它是生态学与建筑学相结合的产物。这种住宅一般具有以下特点。

一是原材料尽量使用天然材料；二是尽量使用天然能源与再生能源；三是采用节能技术和防治污染措施；四是宅址选择远离污染。

第三产业的发展也要注意节约能源，保护环境。生态第三产业的发展同样会影响到人与自然和谐的重要关系，所以希望我们全人类在发展任何第三产业的同时能考虑到大自然生态的可持续发展。

发展现状

旅游产业

地处乌蒙山区的六盘水是贵州山地公园省的缩影，大自然的鬼斧神工造就了凉都山奇水秀，木茂花香。北盘江穿境而过，让这里既有河湖、湿地，又有峰丛、温泉、古镇，生态与自然相映生辉、人文与历史相得益彰，旅游资源丰富、文化禀赋独特，旅游发展得天独厚。2016 年，六盘水共接待游客 1900 万人，实现旅游总收入 124 亿元，旅游收入增速自 2012 年起连续四年位列贵州省第一。

康养产业

"中国凉都"夏季康养胜地

作为全国唯一一座以气候资源优势命名的城市，贵州省六盘水市气候凉爽、空气清新，有着"避暑胜地""养生福地"的美誉。近年来，六盘水依托独特的气候和生态优势，着力发展旅游产业，打造"中国夏季康养胜地"。康养胜地，即包括了风景养眼、气候养人、医药养体、温泉养容、运动养身、文化养心等内容。清爽的空气、凉爽的天气造就了六盘水的生物多样性，使得境内药材丰富，医疗资源优越，生态原产地产品和绿色食品众多。在这里，康体养生可享"医"的服务之全、"食"的绿色之品、"健"的运动之美、"养"的休闲之趣。

绥阳县全面推进养老服务业

一是全面放开养老服务市场，通过公办民营、民办公助、股份合作、引进外资等模式，推进形成以居家为基础、社区为依托、机构为补充、医养相结合的养老服务体系。

二是完善养老服务发展支持政策，在规划、土地、经费、补贴等方面制定优惠政策，支持社会力量举办养老服务机构，未来五年内新增养老服务床位 2000 张，改造现有床位 1000 张；推进居家和社区养老服务，新建城镇社区养老服务中心（站）20 余个，社区养老服务设施要覆盖 80% 以上的城镇社区和 60% 以上的农村社区。

三是加强养老服务信息化建设，推行"互联网+养老"，发展智慧养老社区，推动养老机构智能化信息管理平台建设，构建大数据基础平台、行业自律标准平台、政府养老行业监管平台。

问题与对策

（1）树立发展消费观

发展消费观不仅包括物质、精神消费，而且也包括生态消费。生态环境同样是人类的宝贵财富。要使人类的消费持续发展下去，必须维持和增值生态资本，这是财富创造过程，也是物质与精神消费得以持续的基础。当前兴起的生态旅游热表明了生态消费的发展趋势。但更重要的是要保护好自身周围的环境，从而达到保护全球生态环境的目的。

（2）推行功能经济

鼓励消费者购买产品的服务功能而不是产品本身，鼓励企业以对社会的服务功能而不是以产品或利润作为经营目标。功能经济认为生产的目的应该是产品的服务功能，而不是产品的数量达到最大。在功能经济条件下，产品仍由生产者所有，生产者可以在适当的时间将产品加工，因此实现了由产品的再利用代替物质的循环。

功能经济的基本原理是增加财富，但并不是扩大生产，其目标是最充分、最长时间地利用产品的使用价值，同时消耗最少的物质资源和能量。为此，作为企业，在产品的设计上要为环境而设计，要进行可拆卸的产品设计。这样当某个部件坏了后就只需更换该部件，而不是整件产品的报废。同时可通过某些设备的使用权（如小轿车）来达到充分利用、减少消耗和排污的目的。

二 面向生态文明的供给侧改革

贵州正在进行的供给侧改革，并未明确提出面向生态文明建设。

工业方面

六盘水市工业供给侧改革

近年来，盘江集团以深入推进供给侧结构性改革为契机，一手抓淘汰落后产能，淘汰落后产能 370 万吨/年，一手抓传统产业提速升级，积极拓展新兴业务，生产经营继续保持逆势上扬强劲势头。2018年 1 ~ 6 月，盘江集团实现营业收入 186.18 亿元，利润 6.12 亿元，上缴税费 11.18 亿元，提前半年大幅超额完成全年利润指标。

盘江集团夺取的骄人成绩，是供给侧结构性改革的"加减法"为企业发展腾出空间，"引爆"多年积淀的软实力集中发力的成效。作为一个因"三线"建设而崛起的新兴工业城市，自席卷全国的供给侧结构性改革大幕拉开以来，六盘水市始终坚持稳中求进的工作主基调，深入贯彻落实国家和省支持实体经济发展各项政策，工业供给侧结构性改革措施精而准，有力促进了产业结构优化，助推产业转型升级，提高经济发展质量和效益。据统计，2018 年上半年，全市规模以上工业增加值完成 333.73 亿元，同比增长 9.7%，工业经济企稳回暖，企业效益明显提升。

煤炭、钢铁产业是支撑六盘水市经济社会发展的"擎天柱"，在2016 年全市煤炭产业化解 589 万吨、钢铁行业化解 150 万吨过剩产能的基础上，2018 年上半年，全市原煤产量达到 3160.53 万吨、实现增加值 190.35 亿元，钢材产量达 152.35 万吨、实现增加值 8.69 亿元，占全市规模以上工业的比重为 59.64%。

六盘水市积极运用新设备、新技术、新工艺，加快传统产业改造提升，继续推动"六化"矿井建设工作。目前，全市共有 59 处煤矿使用综采设备 116 套，规模 4695 万吨/年，64 处煤矿共使用综掘设备 131 套，规模 4479 万吨/年。机械化率为 69%，吨煤人工成本由 60~80 元降至 20~35 元，提高了煤炭产品的市场竞争力。

拥有国家"863"计划锰矿绿色利用高新技术的贵州合众锰业进驻水城经济开发区，致力于发展"高纯硫酸锰 + 煤电硫酸锰一体化 + 锰系新能源材料"三大产业，对水城县低品位氧化锰矿资源进行高效、高值、绿色环保产业化利用，一二期工程建成后，总体将形成年产 23 万吨高纯硫酸锰的生产能力，是全球同行业中单线产能最大、装备最先进、资源利用率最高、清洁生产水平最高的领军企业。

山脚树矿煤层地下气化项目是六盘水市大力发展煤层气产业和矿瓦斯抽采利用项目，设计产气规模为 6000 万标准立方米/年，将通过有井式煤炭地下汽化技术运用，实现"变输煤为输气"。目前，全市累计实施建设煤层气地面井 89 口，其中进入试产气煤层气井 32 口，日产气量 1.5 万立方米，部分井口日产气量突破了 1000 立方米，瓦斯发电利用率也逐年上升。

数据显示，上半年，以电子信息、新型建材、特色食品、医药制造、煤层气开采利用等为代表的新兴产业完成增加值 20.32 亿元，增长 83.6%，对规模以上工业的贡献率为 38.76%，拉动规模以上工业增长 3.76 个百分点。

大方县煤炭供给侧改革

一是推进供给侧结构性改革，防范化解煤炭产能过剩风险工作，准确把握煤炭行业面临的形势和挑战。煤炭转型升级发展势在必行，防范化解煤炭产能过剩风险，更多采用市场化手段进行调控，定期发布实施年度风险预警，加强应急储备系统建设。

二是做好煤炭供需动态平衡，确保电力可靠供应和系统安全稳定运行。统筹推进、综合施策，严控新增、清理违规，淘汰落后、转型升级，在调整结构的同时更加注重转型升级，有力有序有效防范化解煤炭产能过剩风险。

三是完善工作机制，加强组织领导。工能局牵头建立防范化解煤炭产能过剩风险工作协调机制，加强沟通协调煤矿企业，督促任务落实，强调企业承担防范化解煤炭产能过剩风险主体落实责任。

四是分解落实责任，按期完成任务。坚决按时完成"淘汰、停建年度目标任务，责任层层细化、逐级分解，确保任务落实、责任清晰、进度可控"。

五是加强监督检查工作，对督查核查中发现的问题依法依规严肃处理，确保企业把煤炭转型升级工作做实做细。

黔西南州强力推进煤炭工业供给侧结构性改革

着力解决黔西南州矿井规模小、煤矿安全生产水平不高、综合机械化开采水平低、煤矿隐患排查治理不彻底、煤矿灾害治理能力不足、煤炭保障供应能力不足等问题。"十三五"以来，黔西南州先后关闭州内煤矿18个，淘汰煤炭落后产能303万吨。2017年底以前将全部关闭9万吨/年煤矿，2019年底以前全部关闭15万吨和21万吨煤矿。

农业林业方面——绿色生态发展内容

贵安"八项机制"助推农业供给侧结构性改革

助推农业供给侧结构性改革，加快推进现代山地特色高效农业现代化，破解"三农"新难题。

天柱县加快推进农业供给侧结构性改革

天柱县立足实际，以夯实农业基础、提高农业综合生产能力为主攻方向，加快推进高产、优质、生态、安全的现代山地特色高效农业产业体系建设，推动农业供给侧结构性改革，促进农业健康发展。加快"农文旅"一体化发展，重点打造天柱县油茶产业示范园、天柱县凤园农业示范园和天柱高酿稻田综合种养殖示范园等现代高效农业示范园区。

钟山区深入推进农业供给侧结构性改革

发展特色产业优化结构。完成野生猕猴桃、茶叶、核桃、中药材、刺梨、红花油茶、草食畜牧等特色产业 16.38 万亩，产值 17.8 亿元。

西秀区林业绿化局推进林业供给侧结构性改革显成效

一是着力科技投入促进产能升级。通过 PPP 模式引入社会资本，探索创新树苗修整、整地及固土保水等关键技术，攻克石漠化治理难题，完成城区 1 万余亩重度石漠化山体复绿补绿生态修复，造林成活率达 90% 以上；启动双堡大坝金刺梨、老落坡黄柏、双堡落水岩木本花卉等科技示范基地建设；实施完成杨武大屯河农业产业园区金刺梨、黄腊乡龙青村马尾松及岩腊乡赖岩村柏木低产低效林改造 6000 亩；推进金刺梨、黄柏地理标识及油杉、安顺润楠等乡土树种的良种认定申报工作，着力提升西秀区行业话语权。

二是着力绿色资源统筹产业发展。结合区域实际情况，在旧州、杨武着力于以油茶、油用牡丹为主的木本油料产业基地林建设，目前已建成油茶种植基地 7000 余亩、建成油用牡丹种植基地 2000 余亩；在宁谷、杨武、双堡、鸡场等乡镇等着力于精品水果基地建设，现已建成以桃子、李子、金刺梨、甜柿等为主的经果林 60000 余亩；在老落坡林场、岩腊乡着力于木本中药材基地建设，现已建成以黄柏为主的药用林 10000 余亩，并不断向周边乡镇辐射带动；在蔡官、轿子山着力于木竹原料林基地建设，现已建成以楠竹、杉木、松树为主的木竹林 40000 余亩。

三是着力发展复合型立体林业。大力推进老落坡林场的林药结合、杨武乡的林蔬结合、鸡场乡及七眼桥鑫旺畜禽养殖合作社的林下养鸡等产业，目前已形成一定的规模和稳定的市场供求体系。

四是着力实施林业生态旅游提升工程。依托九龙山森林公园、邢江河湿地公园、杨武平田、双堡大坝美丽乡村，提升生态产品有效供给，推动家庭林场、森林人家建设，带动全区森林体验、森林养生和森林旅游产业发展，延长林业产业链条，实现第一产业、第三产业融合发展。目前九龙山森林公园已成为贵州省首批省级森林康养试点基地，并在 2017 年生态文明试验区贵阳国际研讨会大生态＋森林康养专题研讨会上发布。

能源产业

省长（孙志刚）：抢抓机遇大力推进能源供给侧结构性改革为全省发展提供战略性基础性支撑保障

抢抓供给侧结构性改革重大机遇，强力推动能源工业特别是煤炭工业淘汰落后产能、加快转型升级、实现脱胎换骨改造，加快建立能源工业运行新机制，大力构建现代新型能源工业体系。

深入推进能源供给侧结构性改革打造铜仁市绿色能源基地

全面化解煤炭过剩产能。认真落实国务院《关于煤炭行业化解过剩产能实现脱困发展的意见》，深入实施煤炭行业煤矿兼并重组工作，利用产能置换、兼并重组等政策，全面淘汰 9 万吨/年的煤矿。2016年全市关闭煤矿 9 处，去产能 81 万吨，2017 年计划关闭煤矿 7 处，去产能 63 万吨。

大力开发利用绿色能源。围绕页岩气、水能、风能、浅层地温能等优势资源，全面推进绿色能源开发利用，取得阶段性成果。黔东北页岩气示范基地创建得到省能源局的大力支持，进入省"十三五"能源规划。实施农村水电工程建设增效扩容，松桃龙家堡电站已试运行发电，松桃老寨洞电站、乌槽河电站、富华电站已开工建设。加快风电资源开发利用，石阡大顶山48万千瓦风电场建成投产，顶董坡风电场被列入2017年省重大工程，龙宝山、盘石风电场已开展项目建设前期工作。浅层地温能利用集中供热制冷建筑面积达到50万平方米。

突破电力体制机制障碍。持续深化电力供给侧结构性改革，组建铜仁市锦江售电公司。出台《铜仁市售电供给侧改革试点方案》，2016年市内60户企业与发电企业开展电力交易集中签约，签约交易电量38.6亿千瓦时。2017年力争全市大工业用电价格平均下降0.04元/千瓦时。争取到国家发展改革委、国家能源局批复铜仁锰钡新材料聚集区增量配电业务试点项目，成为全国第一批试点。目前项目建设规划已上报，计划2018年动工建设，该项目实施后，预计每度电节约0.15元，将有效降低聚集区工业企业用电成本，推动地方工业经济发展。

能源基础设施建设加快。天然气管道入铜工程建设取得实质性进展，凯里至玉屏天然气支线管道开工建设，遵义湄潭至思南支线管道基本建成，具备了通气条件。编制上报的《铜仁市天然气"县县通"实施方案》已获省级批复，铜仁市主城区城市燃气管网、玉屏县城市燃气管网、石阡县城市燃气管网开工建设。完成新能源汽车充电基础设施规划，计划建设充电桩4000个以上。加快电网建设，铜仁碧江（大兴）500千伏变电站、贵州诗乡（遵义东）至碧江（大兴）500千伏输电线路、德江龙泉220千伏和石阡泉都220千伏输变电工程等重大电网工程开工建设。协调全市各区县编制了县级新一轮农村电网改造升级规划，总投资规模接近70亿元。

此次国家生态文明试验区，强调供给侧结构性改革应该面向生态文明建设。

面向生态文明的供给侧结构性改革旨在调整经济结构，使要素配置实现经济与生态之最优双赢，并以此提升经济增长的质量和数量。需求供给侧改革主要有投资、消费、出口三驾马车，供给侧更强调劳动力、土地、资本、制度创造、创新等要素。

面向生态文明的供给侧结构性改革，要从提高供给质量出发，用改革的办法推进结构调整，矫正要素配置扭曲，扩大有效供给，提高供给结构对需求变化的适应性和灵活性，提高全要素生产率，更好地满足广大人民群众的需要，促进经济社会持续健康发展。

从贵州的实际出发，面向生态文明的供给侧结构性改革，必须用增量改革促存量调整，在增加生态型供给的过程中优化结构，处理好在经济保持一定高速增长的基础上实现经济的可持续发展。要优化产业结构、提高产业质量，优化产品结构、提升产品质量；优化分配结构，实现公平分配，使消费成为生产力；优化流通结构，降低交易成本，提高有效经济总量；优化消费结构，实现消费品不断升级，不断提高人民生活品质，实现创新—协调—绿色—开放—共享的发展。

供给方式：

供给侧改革实质上就是改革政府公共政策的供给方式，也就是改革公共政策的产生、输出、执行以及修正和调整方式，更好地与市场导向相协调，充分发挥市场在资源配置中的决定性作用。说到底，供给侧改革，就是按照市场导向来规范政府的权力。离开市场在资源配置中的决定性作用谈供给侧改革，以有形之手抑制无形之手，不仅不会有助于经济结构调整和产业结构调整，反而会损害已有的市场化改革成果。

供给结构：

从中央政府"推动供给侧结构性改革，着力改善供给体系的供给效率和质量"等明确表示看，供给侧改革就是以市场化为导向、以市场所需供给约束为标准的政府改革。从供给侧改革的阶段性任务看，无论是削平市场准入门槛、真正实现国民待遇均等化，还是降低垄断程度、放松行政管制，也无论是降低融资成本、减税让利民众，还是减少对土地、劳动、技术、资金、管理等生产要素的供给限制，实际上都是政府改革的内容。

1. 欠发达地区实现经济与生态双赢的供给侧管理

"供给侧管理"提出，弥补需求与生产脱节不能仅从需求角度着手，而更主要的是供给；同时，这里的供给不是从数量而是从质量上说的，需要提供满足人们需要的产品，否则就等同于需求侧的投资需求了。显然，"供给侧管理"的经济政策集中在产品结构的调整和生产效率的提升上，在当前体现为生态产业的提升、产品和要素价格的调整、资本和劳动流动的引导、人口结构和劳动力质量的改善等，长远则在于提升相应的技术水平和创新能力。

2. "萨伊定律"的生态文明建设试验意义

尽管古典经济学以及马克思经济学都关注资本的积累和生产的投资，但流行的观点往往将对产品供给的重视追溯到萨伊定律。要正确认识"供给侧管理"，就需要对萨伊定律加以全面而系统的审视。

萨伊定律所表达的实际上是：总需求和总供给并非彼此独立，任何一个工业部门（或企业，或个人）产品的需求都源于所有其他工业部门（或企业，或个人）的供给，因而供给的增加将导致需求也随之增加。

现实世界有许多潜在的供给，比如生态供给，并没有很好地满足所有人或绝大多数人的需求，只是供求结构上存在严重失衡，这源于产品供给的不合理而非社会需求的不足，从而也应该从产业结构的调整而非总需求的刺激上寻找解决办法。

穆勒曾指出，对财富的限制永远不是缺乏消费者，而是缺乏生产者和生产能力。

3. "供给侧"生态文明建设的政策防偏

"供给侧管理"注重从供给角度来引导需求，但是，它根本上是建立在对人们的真实需要以及相应的产品供给有深入认识的基础上；否则，很可能会忽视市场上受到诱导的非真实需求。不能随意夸大政策和市场机制在引导消费需求和结构调整方面的作用。

奥地利学派的维塞尔等指出，无论是政策或是市场机制的运行根本上是基于效益原则而非效用原则（政绩也是一种效用）。如果激发出大量脱离实际需要的非真实需求，社会就会对此不断投资，从而形成不断延伸的产业链。但是，消费能力毕竟不可能无限扩张，从而被诱导的这种需求也不可能一直持续下去；相反，这一发展过程一旦因某种偶然因素而发生动摇，人们首先会大肆削减这种被诱导的非真实需求的支出，从而就会造成整个需求链的突然崩溃，导致相关领域的大量投资成为泡影，形成供给侧新问题，甚至陷入长期的停滞。

4. 欠发达地区生态文明建设要避免"中等收入陷阱"

新自由主义的供给政策根基于比较优势原理，它应用到当前贵州生态文明建设中就会形成这样的思路：一方面，贵州的竞争优势就在于低廉的生态成本，而"中等收入陷阱"危机的成因就在于生态成本上涨以及生态红利的消失；另一方面，为了越过"中等收入陷阱"，根本思路就在于释放生态生产力，从而继续为生态型产业的发展提供支持，为经济增长补充生态红利。很大程度上，这也正是目前学者们大力推动而相关政策又重点关注的。问题是，大量依靠生态红利促进经济增长的方式往往只适用于收入水平低下的经济发展初期，随着工业化的推进，经济发展对自然资源的依赖性逐渐降低，资本的不断积累和丰富使得资本对生态的替代逐渐成为经济发展的核心问题。因此，简单地基于比较优势原理所采取的措施似乎既无法促进内需增长也无法促进产业升级；相反，只有及早地跳出对生态红利的依赖并采取促进生产力发展的适当政策，才能有效实现从以资本积累为基础的双赢增长类型转向以改进生产率为基础的库兹涅茨增长类型，从而最终在根本上跨越生态文明建设"中等收入陷阱"。

三　大康养产业选择与发展

（一）生态友好型产业结构的基本判断

区域发展无论处于哪一个水平阶段，都与一定的产业结构相对应；在贵州的生态发展中，产业结构是至关重要的影响因素。当前，中国生态友好型产业结构所注重的是经济增长和资源环境保护的双赢性，具体指的是：第一，产业结构在经济上是有效与合理的，既遵循产业结构演变的一般规律，又符合地区特点和国家经济大势；第二，产业结构及其演变方向符合生态绿色发展的原则要求。我们从产业结构中可以发现生态发展水平和程度的端倪，进一步明确生态发展的战略方向。

1. 产业结构与资源结构

产业结构与资源结构应该相互适应，能够充分发挥区域的资源优势。广义的资源结构即生产要素结构，狭义的资源结构指的是自然资源和环境的禀赋状况。如果研究和讨论的重点是资源环境的保护和效益，一般需要比较关注狭义的自然资源结构问题。如果研究和讨论的重点是绿色生态发展，则要从总体上把握广义的资源结构内容；而从广义资源结构上考量的区域具有比较优势的资源状况，其实已经涵盖了狭义的资源结构内容了。

产业结构与其资源结构相适应，充分发挥区域的资源优势，重点生产优势产品，还含有一个命题在内，那就是市场因素。贵州的资源优势及其派生的产品优势，都针对的是有效的市场需求；离开了市场和市场的客观评判，就无区域资源和产品优势可言了。在正常的市场经济条件下，产业结构的合理性标准，既包括产业结构与城市资源结构之相互适应，也包括产业结构与区域的消费结构及市场容量之相互适应。合理的产业结构应该既是资源导向又是市场导向的。这是把握"生态友好"产业结构的一个重要方面。

2. 贵州产业结构与周边区域产业结构

贵州产业结构应该适应周边区域产业结构的优化与协调。每一个省都是所在区域所包含的一个子系统，因此，贵州产业结构要从更大范围的区域系统和整体角度来考量。每一个省都有各自不同的优势，如果作为整体子系统的各个省区都有效地发挥出自己的优势条件，建立起具有比较资源优势的产业系统，也就是在发挥各自优势基础上形成了区域分工；通过区域分工，各省区具有相对优势的生产要素又进一步得到充分利用。每一个省的产业结构如果与这种区域分工合作的客观需求相适应，那么省区的发展效率会大大提高，而且将对区域整体的发展做出应有的贡献。这样的产业结构才是合理的。

具体到绿色发展方面，就是各个省区绿色发展的优势得到协同和充分发挥。比如，在自然资源利用方面，一个省的一种资源丰富，另一种同样重要的资源稀缺，则绿色发展水平将受制于这一稀缺的资源条件；而另一种丰富的资源也因此没有得到充分利用。如果另一省的资源结构正好具有相反的特征，则两个省区之间协调合作的结果是绿色发展的潜力依照较丰富的资源条件得到充分释放，两个合作省区的绿色发展水平都得到提升，区域整体的绿色发展水平也随之提升。

贵州依靠气候条件特色的产业发展就具有这样的优势。

3. 产业结构的关联度

地区内部的产业关联，从经济角度讲，指的是产业之间存在的上下游关系。如纺织业和服装业、钢铁工业和机械工业、石油开采业和石油化学工业等。从生态发展的角度对产业之间关系做进一步的观察，可以发现产业之间的另一方面的关联度，可称为绿色产业关联度。如污染排放产业与污染治理或环保产业，资源密集产业与资源供应产业，能源消耗产业与能源再生产业等所表现出来的产业关联。显然，绿色产业关联度高，地区的生态发展能力就强，生态发展水平相应地也上升。

在主导产业发展和带动作用的发挥方面，地区的主导产业不仅应该加大与非主导产业的经济关联，也要加大与非主导产业的绿色关联；还要特别注重加强与绿色发展产业（具有双赢作用的产业）的关联。主导产业与非主导产业的绿色关联度加大，可以利用其产业优势辐射作用，带动非主导产业实现有利于生态的发展。主导产业加大与绿色发展产业的关联度，可以利用其产业优势效应，带动绿色发展产业的发展，尤其是低碳、循环经济和环境保护等产业的发展，形成"绿色经济"效应，促进整个地区生态发展水平的提高。如果绿色发展产业与主导产业的关联度较差，将形成不利于生态发展的"二元结构"，绿色发展产业与主导产业相互脱节，主导产业的产业优势无法渗透到绿色发展产业中去；绿色发展产业也不能有效地支持主导产业的健康发展。这将非常不利于地区的生态文明建设与发展。

4. 产业结构的绿色演变能力

生态发展的进程是不会停息的，产业结构也必然处于不断地绿色变化之中。绿色产业结构的另一个重要表现，在于总是能够迅速地演变以适应生态发展与进步；有时还是产业结构先行于绿色演变，反过来推动区域的生态发展。

衡量产业结构绿色演变能力的一个重要指标是产业的绿色发展弹性状况，就是衡量已形成的产业结构，还有多少能力来应对面向绿色转变的挑战。如果产业结构的绿色弹性较大，面向生态发展的应变能力强，则产业结构就能够适时迅速地进行绿色转变，跨入一个更高的发展水平和阶段；如果产业结构的绿色弹性小，低发展水平所形成的刚性约束大，则生态发展战略的实施时机就显得还不够成熟，战略有效实施的难度也相应加大。

（二）贵州生态发展下的主导产业选择

贵州经济的成长首先是主导产业的成长，产业结构面向生态的配置和优化，关键是按照生态发展的要求选择主导产业，谋生态发展于先期的主导产业选择。

面向生态文明的主导产业选择标准，不能脱离贵州经济发展的阶段和水平。适应生态发展的主导产业的选择不是超越经济发展阶段的超前式选择，而必须是与经济发展阶段和水平相适应的主导产业选择。首先，要根据省情特点，按照经济发展规律客观地明确经济发展的阶段和发展趋势，把握选择主导产业的方向和范围；然后，按照生态发展的原则确定最后的取舍。

综上所述，建议将大康养产业作为主导产业，发挥供给侧拉动的关键作用。

党的十八届五中全会明确提出大力推进健康中国的建设，2017 年国家发布的《健康中国 2030 规划纲要》更是把人民健康放在优先发展的战略地位，2020 年"健康中国"的市场将达 8 万亿元。

2008 年国家吹响新医改号角，至今中国健康产业走过了一个完整的十年，这十年既是产业环境激烈变化的十年，也是传统模式走向终结的十年，更意味着中国健康产业新生态元年正式开启。

"养老小镇"和"健康生态产业园区"

以供给侧结构性改革为指引，全力推动现代服务业发展，瞄准潜力大、前景好的消费热点，大力推进健康、养老产业发展，顺应广大市民多层次、个性化、多样化的消费趋势。

旅游、文化、生态资源和悠久的历史积淀对发展健康和养老产业具有得天独厚的优势。

建设健康生态产业园区，推进健康医学中心、健康数据资源储备库、大健康金融综合项目建设，打造集医疗、教育、产业于一体的全周期健康产业中心。

（1）市场优势与绿色需求结构水平

具有市场优势是主导产业选择的必要条件和前提。贵州的大康养产业具备市场需求收入弹性大的特点。市场不仅是区域内市场，更重要的是区域外市场。

（2）比较优势与区域资源的有效利用

一般地讲，在市场条件下，主导产业选择比较优势大的产业部门，也就是选择了资源环境可以被较高效充分利用的产业部门。大康养产业的比较产业优势，来自该产业能够比较有效率地利用区域的特色资源（气候条件、环境质量、地理条件、生态禀赋等要素资源）的能力。

（3）专门化程度与主导产业规模

从生态发展的角度考量，主导产业的产业规模应该足够大，但也要有一定限度，尤其是当主导产业属于资源密集型产业时。因此，对于生态环境比较脆弱的贵州来讲，一味地全面扩张旅游产业，无序地增加外来游客绝对数量的做法，值得商榷。

大康养产业的规模足够大，附加值远大于一般的旅游产业，在充分的市场条件下，产业规模的扩张有土地等自然资源的限制，更适合作为主导产业之首选。

（4）产业的关联与波及效应

大康养产业如果成为经济系统的主体和核心，可以与其他"生态友好"产业（吃喝住行）有较强的关联性，在本身增长较快的同时，能够带动这些产业部门的较快发展。大康养产业与"生态友好"产业的关联更加直接、广泛和深刻，能通过聚集经济和乘数效应的作用，更好地带动整个区域的绿色发展。

（三）配套发展大康养的关联产业

在贵州生态发展中，要强化生态发展原则在产业结构中的影响，大力发展那些与大康养产业密切相关又适应生态发展的关联产业，提高与大康养相关的在主导产业的关联配套产业中的比重。

（1）后向关联产业

后向关联产业包括为主导产业提供产前服务的清洁能源开发供应、高效能源开发供应、新能源和节能开发等能源产业；具有高效和生态特征的建材、食材等开发供应产业；有助于提高产业效率的设施设备、工具器具和安装维修等服务产业。

（2）前向关联产业

前向关联产业应尽可能地向符合大康养发展的方向延长，包括绿色消费、绿色宜居、绿色出行、绿色医疗、生态产品深加工等可扩大大康养产业链的产业，如大康养产业污染排放的治理产业、围绕大康养产业的循环经济等。

（3）旁侧关联产业

旁侧关联产业包括为大康养产业提供产中服务的与大康养产业要素密集类型互补的产业、大康养发展的技术研发和咨询产业等。

第五章

立足大康养，释放生态红利

一　贵州以康养为支点，增加生态属性产品的供给

1. 补生态产品的供给短板

党的十九大报告指出，当前中国特色社会主义进入新时代，社会主要矛盾已经转化为人民日益增长的美好生活需要和不平衡不充分的发展之间的矛盾。在经济快速发展和人们生活水平不断提高的情况下，人们在尽情享受现代工业文明的成果，但食品安全、环境问题层出不穷，清新的空气、洁净的水体、美丽的森林、多样化的物种、宜人的气候等自然的生态产品的供给出现短缺，人们生活压力不断加大，生活质量不断下降，甚至危及人民群众的身体健康。提供优质的生态产品（服务）是解决当前社会主要矛盾的迫切所需。

那么，什么是生态产品？从比较严格意义上的理解看，生态产品指维系生态安全、保障生态调节功能、提供良好人居环境的自然产品和服务，包括没有受到污染的空气、自然循环的水源，鸟语、花香、清水、蓝天、宜人气候等。这类自然属性的生态产品的提供，在传统的农业社会是充裕的，但在制造业规模巨大的工业社会，自然生态产品的数量锐减、质量退化、分布萎缩。在物质文明高度发达的今天，蓦然回首，我们发现作为自然一分子的人类，正在失去我们赖以生存和发展的自然。

而从更为一般意义上的理解看，生态产品的内涵还要求：社会化大生产提供的满足人民物质和精神生活需要的产品和服务，必须具有生态属性和品质。所谓生态属性，主要指工业化生产提供的产品和服务不会破坏生态、污染环境。当然，这并不意味着不可以建造工厂、

发展城市，而是要求工厂的生产和城市的建设要有红线，控制在规定的范围内，不危及工厂和城市范围以外的自然和生态环境。生态品质，要求的是规模化标准化生产提供的产品和服务，不会危害包括人类在内的生命共同体成员的健康和生命。例如家居产品的甲醛污染，农产品的重金属污染、通过化石能源燃烧提供能源服务而排放的包括二氧化碳在内的有毒有害气体等。同样，农产品生产需要防治病虫害，人类生活居住环境需要消除蚊虫滋扰，但控制对于人类有害的病虫害，不能采用导致"寂静的春天"的化学毒药，因为这样，虽然病虫害被消灭了，但同时也消灭了有益于人类的各种生物，其结果是直接危及人类健康和生命安全。有机农产品、可再生能源等，就是比较典型的具有生态属性和品质的产品和服务。实际上，生态属性和品质的生态产品和服务，还包括污染治理、废弃物回收利用等，从而减少环境污染和生态破坏，还能提供工业化物质生产原材料。工业和生活污水处理再生，就是一个典型的例子。

因此，不论是严格意义上的，还是一般意义上的，生态产品和服务的生产和提供，都是对工业化社会化大生产的投入要素的数量和品质的保护。自然不仅是人类直接消费的必需品，也是物质财富和精神产品的原材料。其存量和质量，直接影响社会化大生产的工业品、农业品和服务产品的生态属性和品质、人类直接需要的生态产品和服务，从而影响人类福祉。这也是为什么说，环境就是民生，环境是最普惠的民生福祉。生态资产的存量和质量水平，也决定了工业化社会化生产的产品和服务的生产和提供的效率。生态资产存量高，质量好，生产成本低，产品质量好，市场需求大，社会生产力也就高。这也说明，保护环境就是保护生产力，改善环境就是发展生产力。

如何提供人民美好生活需要的自然生态产品，补生态产品的供给短板？

（1）价值理念的转变。我们需要首先确定自然资源价值观，绿水青山就是金山银山，自然生态是民生福祉基本的、不可或缺的必需品。我们的生命离不开绿色宜人的自然生态环境，必须要像对待生命一样对待生态环境。我们当前的状况，是"靠山吃山""有水快流"，从而破坏了绿水青山，造成绿水青山供给的严重不足，而影响了社会经济发展和民生福祉。绿水青山在供给短缺的情况下，胜过金山银山。绿水青山可以被开发利用，变成生态资产转换为金山银山，但金山银山在许多情况下并不能够转换为绿水青山。濒危动物我们可以保护，但已经消亡的动物，我们不可能让它们再生。中东石油资产可以建高楼大厦，但不可能在中东荒漠上建造森林。

（2）科学地理解生态产品。我们的消费或需求是具体的、单一的、明确的，但是，这些产品的生产和提供，则是相互关联的，系统一体的。在雾霾环境下，我们可以通过空气净化器在封闭的环境里提供净化的空气，也可以人工生产纯净水，但这不是真正意义上的生态产品。尽管净化的空气没有污染物，没有细小颗粒物，但是，也没有自然环境下清新空气中的负氧离子。净化的水，没有与自然俱来的人体需要的矿物质。这就要求山水林田湖草统筹协调，形成生态的平衡、自然的和谐、人与自然的和谐共生。

（3）生态产品的生产方式，不能是工业化的手段，不能违背自然规律。必须尊重自然、顺应自然、保护自然，坚持节约优先、保护优先、自然恢复为主。野生动物的保护，我们可以提供温湿条件，提供实物保障，但是，一旦人工条件不存在，这些野生动物也就难以生存了。如野生动物园里的虎豹，人工圈养，没有生态系统的食物链、生态系统的功能和多样性，就失去了虎豹生龙活虎的精气神。不符合自然规律，所得出的产品和服务，也就不可能是生态的。自然得以休养生息，生产和提供的才是真正意义上的生态产品和服务。

（4）打造人与自然的生命共同体。人类不是超越自然的存在，人类对大自然的伤害最终会伤及人类自身，这是无法抗拒的规律。人类是生态系统生命共同体的一个成员，表面上，我们似乎可以征服和掌控生命共同体的其他动物、植物、微生物，但实际上，我们的认知水平和能力不可能超越自然，只有遵循自然规律才能有效防止在开发利用自然上走弯路。

2. 贵州发展大康养与增加生态产品的耦合机理

党的十九大报告把"坚持人与自然和谐共生"确立为新时代坚持和发展中国特色社会主义的基本方略之一，按照这一蓝图，我国到2035 年基本实现社会主义现代化，生态环境得到根本好转，美丽中国目标基本实现；到 21 世纪中叶，我国要建成富强民主文明和谐美丽的社会主义现代化强国，生态文明将全面提升，美丽中国战略真正实现。然而，"美丽"必须以优良的生态环境为前提，而且解决生态环境问题，最终要靠高质量、高效益的发展。贵州以康养为支点，可以撬动绿色发展的新动能，守住"两条底线"，为创新发展提供强大的动力，实现更多的优质生态产品，从而满足人民日益增长的包括天蓝地绿水净的美好生活需要。

事实上，贵州发展大康养，与推进生态文明建设、增加生态产品的供给是统一的。

（1）大康养本身是兼顾经济增长和资源可持续性的新经济模式。通俗来说就是可以同时产生环境效益和经济效益的经济活动，既保护气候、符合环境要求，又有利于提高经济效益、促进发展，是生态文明时代的经济发展方向，也是贵州实现后发赶超、绿色发展的方向。例如，在发展大康养产业的同时，我们需要保护环境，也需要对破坏的生态进行修复，还原大自然的本色，可以增加提供新的生态产品，也可以对原有的产品增加其生态属性。

（2）发展大康养，不仅涵盖诸多业态，关联城乡建设、生态环境、民风民俗、科技信息、文化教育、社会安全等众多领域，而且也有助于推动第一、第二、第三产业的深度融合。例如，发展大康养，可以充分激活贵州省生态、农业等自然禀赋与独特的人文旅游资源，依据不同区域的资源状况、文化特色、产业基础、城镇化程度等要素条件，统筹城乡建设、旅游发展等规划，发展生态农业、生态工业、康养旅游业、健康服务业、文化创意及大智慧产业、环境治理及生态修复产业等，统筹城乡发展，促进乡村振兴，构建和拓展绿色产业的发展体系。这样不仅可以促进节能减排，推动经济发展方式的成功转型，而且能够充分利用资源、扩大市场需求、提供新的就业机会，形成有利于绿色循环低碳发展的新的经济增长点，是保护环境与发展经济的重要结合点。

（3）生态产品的生产与供给，反过来又进一步助推大康养的发展。自然环境改善了，山绿水净天蓝还原了，绿色食品增加了，优美风貌呈现了，健康医疗支撑了，多彩文化凸显了，等等，这些生态产品的供给，无疑会增强贵州的绿色名片效应，满足域内域外的市场需求，甚至引致市场新的需求，从而推动贵州大康养产业的做大做强和可持续发展，实现包括生态上人与自然和谐的平衡发展、生态良好的充分发展。

需要注意的是，由于发展大康养涉及多个部门和多个层次，对部门之间的协调配合要求较高。因此，健康促进、康养发展应成为所有部门共同追求的目标，从而更顺畅地融入所有政策。

二　贵州依托生态产品，释放和放大生态红利

1. 生态产品转化为生态红利的源泉和形式

生态产品和服务的生产和提供，生产力的提升，释放的、增值的

是生态红利。良好的生态环境，是最基础最普惠的共享经济；绿色低碳，是扩大及提升生态产品和服务生产和提供规模和水平的新的增长点；具有生态属性的产品和服务，当前是中高端收入群体的消费品，也会不断进入寻常人家。增值生态资产、消除生态负资产而带来的就业、经济增长，所释放的生态红利，成为满足人民生态环境美好生活需要的更加充分发展的新而且持续的动能源泉。

具体来说，所谓生态红利，是指生态产品以及具有生态属性和品质的产品和服务的生产和提供所带来的就业增量、经济增长和民生福祉提高而形成的可持续的生态友好的社会收益。生态红利一是主要源自生态资产的保值增值，二是源于生态负债的减少而提升的生产力所形成的社会收益。

生态产品转化为生态红利，即生态资产保值增值所能够形成的增长点包括如下几方面。

（1）自然生态产品和服务（例如天蓝、地绿、水净、生物多样性）的数量和品质的供给增加，提升了民生福祉（健康、旅游）和社会收益。喜马拉雅冰川融雪水，是纯天然的，其市场价格，扣除生产和运输成本，仍然高于东部沿海地区就近水源的自来水，也要高于人工过滤的纯净水。科学家在自然湿地发现的不孕系水稻和海水稻植株所产生的收益，要远高于人工种植水稻的种子。森林中的负氧离子，也是人体健康所必需。湿地对污水的净化，森林植被对水土的保持，其所提供的服务，也并非人类劳动能简单提供。

自然的生态产品如同土地，也有级差之分。有的具有较高的生态和市场价值，有的则相对较低。但是，这些级差较低的生态产品，可以成为资本和劳动投入的载体而提升生态产品的数量和质量。如由于人口增加需要增加粮食生产而通过修筑梯田提高山地的土地生产力。又如，季风气候条件下一些地区的降水季节年际波动很大，劳动和资本投入修建水坝，在雨季拦蓄洪水，不仅减少可能的洪涝灾害，更可以提供农业灌溉、城市工业和居民生活供水，还可以提供零碳的水电服务。自然系统中水循环这一生态产品，可以高于自然状态下的供给和价值，提高了生态系统的稳定性和产出水平，从而放大生态红利。

在自然生态系统受到破坏而退化或遭到人为干扰的情况下系统功能弱化，生态产品和服务的数量和质量下降。在这样一种情况下，植树造林、野生动植物保护、动物迁徙通道建设，可以人为改善生态产品的生产和供给。

（2）生态系统自身修复、涵养所提供的生态产品，形成了总收益。即，不需要劳动和资本的投入，而是减少对系统的干扰，例如封山育林、退耕还林、还湖、还草、还湿、休渔，通过生态系统的自我修复功能使生态资产保值增值，从而在数量和质量上提升生态产品（例如洁净的水）和服务（例如保持水土和生物多样性）的产出和供给，对生产力的保护发展和民生福祉改善提高而形成了社会收益。

（3）污染防治和废弃物利用所形成的减少生态损失和增加生态产品的双重生态红利。例如废旧电器回收利用、垃圾发电、利用农作物秸秆发电、生产饲料肥料建材、中水回用等，不仅保护了环境，而且提供就业，增加收入。具有生态属性和品质的产品和服务，例如有机农产品、节能产品、风能光能利用产品和服务，提升了社会总收益。例如太阳光伏发电，其设备的生产、运输、安装、运行维护，提供了大量的就业岗位，形成新的增长点，所提供的零碳能源服务，是气候友善的，不会恶化气候环境。当然，太阳光伏设备的生产需要减少和避免化石能源的消耗和有毒有害污染物的排放。

另外，自然系统是非均质的，存在时间和空间上的生态产品的数量和质量差异，在一些情况下构成对人类社会经济活动的灾害。尊重自然顺应自然建造生态廊道、人工湿地，而减少生态损失和风险，例如海绵城市的建设和维护等，提升的系统稳定性所保障的系统收益以及所增加的就业，也是具有生态属性的一种红利。

2. 贵州发展大康养，释放生态红利的主要途径

（1）发展大康养，通过打造绿水青山发展生态红利。党的十九大报告明确要求，开展国土绿化行动，推进荒漠化、石漠化、水土流失综合治理，强化湿地保护和恢复，加强地质灾害防治。这也就意味着，对于退化的绿水青山，能够自然修复的，自然恢复优先；自然修复困难的，投入资本和劳动力，以科学手段加速打造绿水青山。贵州发展大康养，首先要进行生态屏障的保护、石漠化的治理，对于生态功能比较完备的绿水青山，则要保护，能够提升的，则要改进提升。从而保护和发展自然生产力。

（2）发展大康养，通过深化生态文明体制改革激活和释放生态红利。贵州省发展大康养，涉及诸多的产业、诸多的部门，需要进行资源的整合、产业的对接、共防共治体制的建设等，还涉及自然资源管理机制的改革，承认和尊重自然价值，使自然参与分配，明确生态资产的所有权、使用权、收益权，从而激发生态资产的红利释放。十九大报告也提出要加强对生态文明建设的总体设计和组织领导，尤其是自然资源资产的管理和自然生态的监管，确保统一行使全民所有自然资源资产所有者职责。贵州作为国家生态文明试验区，以康养为支点推动生态文明建设，改革创新机制体制，从整体上盘活和激活生态红利释放是关键。

（3）发展大康养，通过"绿色发展""绿色崛起"转换并获取"生态红利"。新旧动能的转换，需要找准新的增长点。贵州省发展大康养，是绿色发展方式的具体实践，是让环境资源成为可持续发展资源，让生态优势转化为经济优势，使贵州省丰富的生态资源成为产业转型、财富增长的源泉，让"绿色崛起"释放更多的生态红利。

（4）发展大康养，通过消费模式转变发现和拓展生态红利。如今的消费发展阶段正由温饱型转向品质型，更加注重消费的质量和健康内涵。比起之前的高碳污染和奢华消费，人们现在更趋向于绿色清洁低碳、品质健康的消费方式。贵州省发展大康养，促进更多的人关注身心的修养，吸引越来越多生活在喧嚣城市里的人去生态环境优美的地方净化身心，这种消费偏好转型使得生态红利被发现，并不断拓展延伸。

（5）发展大康养，通过生态技术的推广运用放大生态红利。譬如废物再利用、循环经济等使生态负债转换为生态红利并得以放大，储能技术使间歇性的风能光能根据社会经济活动的需要得到释放，农业生产的光能灌溉和光热保温系统可以降低成本、减少污染、增加产量、保证品质。石斛的培植生产使得石漠化得以治理和治疗疾病的药材得以供应，并带来巨大的经济效益。贵州原产地标识让一些独特的生态产品具有唯一性、独特性、品质性等。

贵州省构建大康养格局，发展生态生产力、增加生态产品的供给、释放生态红利是贵州省引领国家生态文明建设，迈向社会主义生态文明新时代的创新驱动，必将有效促进当前生态环境社会主要矛盾的解决和全面小康的实现，稳步提升人民生活水平和质量。

三 相关对策和建议

贵州省发展大康养，是坚持绿色发展、绿色崛起的战略方向，践行绿水青山就是金山银山的突破点，是决战决胜扶贫脱贫、同步全面建成小康社会、实现跨越发展的重要支撑。立足大康养，释放生态红利需要从以下五个方面推进。

1. 规划引领，分步实施

发展规划作为一种战略性、前瞻性、导向性的公共政策，在政府管理中具有十分重要的引领地位。制定大康养发展规划，要依托各区域实际，借助生态优势，守住保护与发展两条底线，确定具体的建设项目、标准及目标。大康养发展规划应与贵州省国民经济和社会发展五年规划、城市总体规划、土地利用规划中涉及的内容相统一，并落实到一个共同的空间规划平台上，各规划的其他内容按相关专业要求各自补充完成，形成"多规合一"。

同时，大康养是一项系统的大型工程，非一蹴而就，需要分步实施，逐步推进。例如，前期可以通过试点示范，形成一批各具特色、相互呼应的生态康养基地，制定生态康养经济发展战略规划实施相关政策体系，设立相关机构和平台等；中期在试点基础上，促进生态康养产业的全面发展，做大做强，成为贵州省的主导产业，营造全民康养氛围，构建全流域康养网络，做实中国生态康养示范省。后期经济成型阶段，通过生态康养经济产业体系的发展，带动生态宜居城镇、社会民生事业的联动发展，形成优势明显、充满活力的生态康养整体经济发展模式，助推贵州省可持续绿色跨越发展。

2. 精准定位，促进"康养＋"多产融合

发展大康养，关键在于依托优势环境和优质资源。一是精准定位服务客群，"三避三养"（避暑避寒避霾、养生养心养老）＋"微度假"是当前社会对康养需求的集中诠释，主要包括养、疗、治三个层面，"养"以养生、美容美颜、养心、养老等为目的，追求健康生活方式，"疗"以康疗、理疗为目的，"治"以医疗为目的，治疗某种疾病，多为慢性病和身体调理。不同的服务人群有不同的主导需求，对应不同的康养模式。二是精准定位区域康养主导产业和服务产品，康养可以催生一系列新型业态和产业链，成为新时期经济突破发展的一

个新引擎。可以利用自然资源或人文资源，从休闲养老、民俗旅游、慢病疗养等角度单项突破，并延伸发展与康养相关的中药、养生、运动、有机农业等产业，实现"康养＋农业""康养＋工业""康养＋旅游""康养＋医疗""康养＋运动"等特色产业与康养产业融合互动局面，将多元化、多层次、全链条的大康养做细做强。

3. 对口帮扶，市场对接

充分发挥对口帮扶的作用，促进康养产业经济做大做强。一是秉承"密切合作、优势互补、共同发展"的原则，拓宽帮扶思路、创新帮扶方式，通过政策优惠、产品优惠等，推进与帮扶地的一体化市场建设，推动康养旅游的对接、绿色产品的输出、技术的输入、人才的扶持等，实现市场要素的对接互通，共享高端人才和信息资源，打造有利于科技创新和扩大康养产品需求的市场环境。建立基于提高生态产品生产能力和产出效率的公共财政支撑政策。建立生态产品交易机制和交易市场，实现生态产品市场价值不断拓展。二是贵州省被帮扶地要破除等靠思想和短视眼光，积极主动推动帮扶工作从无偿援助向产业和项目合作转变，将帮扶地的资本、市场营销和产业技术等优势和资源与贵州省的优质生态资源、民族人文资源、充足劳动力资源以及特色产品等结合起来，变绿水青山为金山银山。各地在组织建设、作风建设、环境整治、产业发展和社会稳定等各项工作中形成"比、学、赶、超"的良好氛围和"你做好、我做精，你做精，我做强"的竞争态势，通过各种形式的招商活动，推进多形式、多层次、宽领域、全方位的康养产业合作，增强本地本产品的竞争力，实现互利互惠、同频共振、共建共赢，助推贵州省大康养格局形成与健康可持续发展。

4. 平台建设，强化人才支撑

一是依托贵州省高校旅游、医护专业优势，大力开拓高校教育和科研基地、中等职业教育和培训基地、国家级康养研究基地、全国性康养讲坛建设，逐步打造具有影响力的、面向全国的休闲康养教育培训产业，构筑高层次的休闲养生科研教学平台，培养高素质的康养服务人才。二是出台一系列吸引人才的政策措施，创新人才引进机制，吸引休闲、养生、医疗、大数据等领域的一流专家和权威机构进驻贵州，搭建人才招聘的平台、人才引进和招募基地，吸引高层次人才前来贵州居住、工作与创业，为休闲养生养老人群提供理论指导，提升贵州省康养活动的层次和产业发展的科技含量。

5. 勇于创新，体系推进保障

一是健全组织机构，强化组织领导，由省委省政府主导，各区市级部门主抓，成立生态康养经济发展领导机构，发挥统筹、领导及协调作用，落实规划、项目政策等重大问题的综合协调。各部门、各地区成立相应机构，从上至下良性互动，合力推进生态康养经济发展。二是加强标准化建设，研究编制生态康养评价指标标准、产品标准、特色菜系标准、康养服务标准等，制定相应的实施细则，强化目标管理，将康养经济发展列入政府年度目标绩效专项考核。三是强化基础配套建设，完善交通集散服务，建设旅游或接待设施，开发特色商品及美食，提高职能服务水平。四是加强宣传营销，打造康养福地的名片。加大营销投入，通过各种途径和媒介全方位、大力度宣传，使贵州省"康养福地"深入人心。同时，聘请专业形象设计机构，选择特色鲜明的景区、景点、康养产品或服务，打造贵州名片。并通过创建和申报国家级"生态康养示范城市""中国最佳宜居城市""民族特色化生态养老社区"等，不断提高贵州省的知名度和美誉度，促进贵州省大康养、大生态、大扶贫、大繁荣。

第六章

立足生态康养，推进脱贫攻坚：贵州生态文明实验区生态扶贫策略研究

党的十九报告提出，为实现两个一百年目标，在 2020 年之前，必须坚决打赢脱贫攻坚战，让贫困人口和贫困地区同全国一道，进入全面小康社会。要求坚持大扶贫格局，动员全党全国全社会力量，精准扶贫、精准脱贫。生态文明建设与脱贫攻坚，存在着十分密切的关系。党的十八大以来，以习近平同志为核心的党中央，把脱贫攻坚和生态文明建设纳入中国特色社会主义事业"五位一体"总体布局和"四个全面"战略布局。2016 年 6 月，贵州省提出要以大生态、大扶贫、大健康等发展战略，将全省建成国家首批生态文明试验区，得到了中央的认可。大生态、大扶贫、大健康之间具有何种逻辑关系？如何以大生态实现大脱贫？如何将大扶贫这条主线，融入生态文明建设之中，实现生态扶贫融合共赢发展？本文提出，贵州要立足于天气凉爽空气清新、山地景观神奇瑰丽、生物资源丰富独特、民族文化多姿多彩、山在城中村在山中、生态环境保持良好优美等比较优势，以康养产业为龙头，以生态品牌定价机制创新为抓手，以"三带二托一"为脱贫载体，着力构建"三生一养"生命共同体，打造生态康养强辐射贵州，到 2020 年全面脱贫，基本建成小康生态文明实验区。

一 生态建设与扶贫攻坚之间的协同共赢关系

生态问题与人口贫困，两者互为因果，一般是经济社会发展的"短板"。补齐"短板"，推进生态建设与扶贫攻坚，是我党我国人民建成小康社会的重要方略。

1. 生态建设与脱贫攻坚之间存在交集和大量公约数

所谓脱贫攻坚，就是要解决好贫困群众的生产生活问题，满足贫困群众追求幸福生活的基本需求[①]。中华人民共和国成立以来，向贫困宣战一直成为我党的奋斗目标。贫困人口未能按时脱贫，是全面建成小康社会的突出"短板"。党的十九大再次要求，到 2020 年，坚决打赢脱贫攻坚战，全面建成小康社会，对于贵州这个"天无三日晴，地无三尺平，人无三两银"的史上著名贫困地区来说，是一项十分艰巨的任务。

贵州贫困群众之所以贫困，之所以生产生活有问题，之所以生活的基本需求严重不足，一个重要原因是，贫困群众所生活的区域生态比较脆弱、耕地资源短缺、产业结构层次低、劳动就业比较原始，传统经济增长质量差。其中，生态脆弱是贫困的主根，严重制约产业发展。而贫困又导致生态问题，生态问题反过来加剧贫困。相反，生态红利是脱贫的不竭源泉，生态建设有利于脱贫攻坚，脱贫攻坚有利于解决生态问题。发展生态保护环境，推进生态产业发展，可以有效实现生态扶贫，加快脱贫攻坚决胜小康社会进程。总之，生态建设与脱贫攻坚之间存在大量公约数和交集。这种公约数和交集，是贵州大生态与大扶贫之间实现协同共赢发展的基础。

2. 脱贫奔小康与建设生态文明，两者是个有机统一整体

所谓全面建成小康社会，就是要不断提高人民的生活质量和水平，让老百姓过上好日子。具体来说，就是抓住人民最关心最直接最现实的利益问题，想群众之所想、急群众之所急、解群众之所困。只有让人民群众满意了，让人民群众认可了，全面建成小康社会的目标

---

① 习近平：《在中央扶贫开发工作会议上的讲话》（2015 年 11 月 27 日），《习近平总书记重要讲话文章选编》，中央文献出版社、党建读物出版社，2016。

才算真正实现了①。什么是当前群众之所想、所急、所困？什么是人民最关心、最直接、最现实的利益问题？对于贵州来说，概括起来，主要是两个：一个是脱贫奔小康问题，另一个是生态文明建设问题。奔小康必须脱贫，脱贫必须搞好生态文明建设。

2016 年，中央出台的《国家生态文明试验区意见及实施方案》指出，生态文明建设的根本任务是，大幅提高资源利用水平，持续改善生态环境质量，明显提升发展质量和效益，形成人与自然和谐发展的新格局，实现经济社会发展和生态环境保护双赢。坚持以人民为中心的发展思想，发展各项社会事业，加大收入分配调节力度，保证人民平等参与、平等发展权利，使改革发展成果更多更公平地惠及全体人民，打赢脱贫攻坚战。可见，脱贫奔小康与建设生态文明，两者是个有机统一整体。

3. 脱贫奔小康是生态文明建设的基本任务与重要考核目标

国家生态文明试验区建设的目标是，到 2020 年，率先建成较为完善的生态文明制度体系，形成一批可在全国复制推广的重大制度成果，为实现绿色发展、美丽中国建设提供有力的制度保障。2016 年 12 月，国家公布的生态文明建设评价考核指标有资源利用、环境治理、环境质量、生态保护、增长质量、绿色生活、体制机制创新、工作亮点、公众满意程度和生态环境事件等 10 个。这 10 个指标，事关生态环境质量的大提升，同时也事关人民生活质量的大提升。这 10 个方面的工作做好了，脱贫奔小康的任务也就完成了，这 10 个方面考核合格了，脱贫奔小康的目标也就达到了。贵州生态文明试验区建设的目标是：以人为本，建成多彩绿色公园省，实现生产空间集约高效、生活空间宜居适度、生态空间山清水秀，既让当地群众受益，也让外来投

---

① 佚名：《习近平明确全面建成小康社会的两个检验标准》，《学习中国》2017 年第 8 期。

资者旅游者受益。基本任务是以合作、改革和创新等手段,强化绿色屏障建设、绿色经济发展、生态旅游创新、生态文明大数据建设、生态文明法治建设、生态脱贫攻坚、国际生态文明交流。可以看出,无论是国家层面还是贵州层面,以人民为中心,让当地群众受益,达到全面建成小康社会的目的,是生态文明建设的基本任务与重要考核目标之一。

4. 生态扶贫与脱贫,是生态文明实验区建设的有效手段

生态扶贫与脱贫,是生态文明实验区建设的新动力与新抓手。习近平同志指出,护好绿水青山是打赢脱贫攻坚战的基础。在开展脱贫工作过程中,要做好对环境的保护,不能以牺牲环境为代价,要齐心协力管护好湖泊、草原、河流、野生动物等生态资源,为巩固脱贫攻坚成果打下长远的基础。面对资源约束趋紧、环境污染严重、生态系统退化的严峻形势,脱贫攻坚必须树立尊重自然、顺应自然、保护自然的生态文明理念,把生态文明建设放在突出地位。建设生态文明,是关系人民福祉、关乎民族未来的长远大计,生态文明建设成为脱贫攻坚新动力。生态文明建设带来了绿水青山和金山银山。贵州最大的价值在生态,最大的责任在生态,最大的潜力也在生态,必须把生态文明建设放在突出位置来抓,筑牢国家生态安全屏障与底线,实现经济效益、社会效益、生态效益相统一。生态扶贫与脱贫,是贵州持续发展最为重要的基础,是贵州实现脱贫致富的根本保障,是贵州国家生态文明实验区建设的有效手段。

5. 康养产业是贵州生态文明脱贫攻坚共赢发展的支点

康养产业主要是借天地人文之正气,以定居疗养为主体特征的健康产业,具体包含健康服务产业、神疗身疗心疗产业、养神养身养心产业、养病养人养老益寿产业。

相较于医疗产业,康养产业得天之工,不破坏与伤害生态环境。

相较于旅游产业，康养产业得人之工，吸纳就业能力强，扶贫增收效果好。相较于农业和工业产业，康养产业属于第三产业，属于服务行业，附加值高，扶贫增收效果好。相较于大数据产业，资源基础好，投资少见效快，不受高端人才短缺的限制。总之，康养产业以生态资源、生态环境、生态产业和生态红利为支撑，发挥天养地养文养的自然功能，是实现人类身心健康增益的产业，是成本较小、无环境公害、就业容量大、效益较高的大产业。

贵州国家生态文明实验区，具有发展康养产业的独特气候资源、地理资源、山水资源、生物资源、生态资源、文化资源、经济资源等。康养产业是贵州实现赶超发展、生态建设和脱贫发展的最具潜力的产业，是贵州生态文明与脱贫攻坚实现融合共赢发展的支点。

二　贵州生态建设与扶贫脱贫的成就与经验

1. "十二五"期间贵州扶贫脱贫工作成绩显著

贵州是一个多民族交汇融合的省份，也是一个石灰岩地质喀斯特地貌高度发育的高原山地省份，是西部工业经济和城镇经济欠发达的省份，是全国西部内陆扶贫攻坚的主战场。"十二五"初期，全省88个县中有国家扶贫开发工作重点县50个，有934个贫困乡9000个贫困村。2011年贵州省有贫困人口1149万人。在中央的支持下，经过全省人民和对口支援单位的努力，贵州基础设施变化很大、发展动力活力变强、生态建设与脱贫攻坚成效突出。到2015年底，贵州全省100%的乡镇通柏油路，100%建制村通公路、75%建制村通沥青（水泥）路。贫困地区电力、通信等基础设施建设加快推进，192.05万户农村危房得到改造，1300万农村人口的饮水安全问题得到解决，新增农田有效灌溉面积 466.73 万亩。全省农村居民人均可支配收入达到 7387 元，年均增长 14.4%。50 个国家扶贫开发工作重点县农村居民人均可支配收入达到 6964 元，年均增长 15.5%，增速比全省平均高出 1.1 个百分点。全省农村贫困人口从 2011 年的 1149 万人减少到 2015 年的 493 万人，五年累计减少贫困人口 656 万人，超额完成"2015 年全省贫困人口比 2011 年减少一半"的目标。贫困发生率从 33.4% 下降到 14%，下降 19.4 个百分点。在"一方水土养不活一方人"的地区，对 65 万人实施了扶贫生态移民。

2. "十三五"贵州进入扶贫脱贫攻坚新阶段

2013 年 11 月，习近平同志到湖南湘西考察时，首次提出了"精准扶贫"的重要思想。2015 年 6 月，习近平同志在贵阳视察扶贫工作时指出，"扶贫开发贵在精准，重在精准，成败之举在于精准"。贵州省委省政府认真贯彻落实习近平同志的讲话精神，以"六个精准"为统领，展开了新一轮脱贫攻坚战。第一，对建档立卡贫困户进行重新识别、登记，做到识真贫、扶真贫、真脱贫。第二，深入实施教育"9 + 3"计划和"免费营养午餐计划"，启动实施"1 户 1 人"扶贫教育培训三年行动计划。基本实现乡镇有卫生院、行政村有卫生室。对符合条件的 328.55 万农村困难人口，实施了最低生活保障救助。初步形成了教育扶贫、农村合作医疗扶贫、新型农村社会养老保险扶贫、社会救助扶贫等扶贫保障体系。第三，继续强化与扶贫协作对口帮扶城市的对接，在产业、教育、医疗、人才培养、劳务输出等方面加强合作。中组部、中央财办等 39 家中央单位定点帮扶贵州 50 个扶贫开发工作重点县组织实施"千企对口帮千村""万家结对帮万户"工程。第四，获批设立 3000 亿元规模的脱贫攻坚投资基金，设立 170 多亿元的极贫乡镇脱贫攻坚投资基金，有力支撑各项扶贫脱贫措施的落实。第五，集中力量推进极贫乡镇脱贫，组织开展以扶贫脱贫为主题的项目观摩会，召开大扶贫战略行动推进大会、扶贫开发领导小组会，层层传递压力、交流经验、强力推进。第六，开启生态脱贫模式。2016年，落实护林员指标2.5万人，直接带动近10万人脱贫。完成营造林528万亩，治理石漠化1000平方公里、水土流失2000平方公里，森林覆盖率提高到52%。精准扶贫和生态扶贫，是贵州"十三五"脱贫攻坚的最大特征之一。

3. 以"五大"理念推进扶贫方式的创新

2015年10月，中央提出创新、协调、绿色、开放、共享五大发展理念，指导全面推进"十三五"规划的实现。在脱贫攻坚工作中，贵州最大的经验是始终牢固树立并切实贯彻五大发展理念，其中，创新发展居于第一位。例如，贵州提出了大生态、大健康、大数据等跨越工业化发展阶段，直接进入生态文明发展阶段的大跨越、大赶超发展战略。在资金调配上，压缩6%的行政经费用于支持贫困地区的发展。第二，在帮扶对象上，由到户变为到人，更加精准化。例如对农村贫困家庭学生上高中、大学实行"两助三免（补）"补助政策，保障其能完成学业而成为进入社会的优秀劳动力。对44万贫困地区青壮年劳动力进行规范化技能培训，提高其就业脱贫增收的技能。对78.7万受灾人口实施临时救助。将158万无力脱贫、无业可扶的老年贫困人口纳入农村最低生活保障，实行政策性兜底脱贫。对所有贫困人口，实行基本医疗保险、大病保险及医疗救助三重保障全覆盖。第三，实施绿色扶贫，2016年打造乡村旅游景点231个，大力发展绿色产业。第四，引入科技扶贫。在贵阳，建立了全国大数据产业发展中心，在平塘，规划了天文小镇，在贫困村，设立1300个电商网点。

4. 将生态扶贫战略列入国家实验区建设工程

2017年，被批准成为国家生态文明试验区以后，贵州提出了建设国家生态文明试验区的十大重点任务，要求以大生态、大扶贫、大健康、大数据、大旅游五大产业发展战略，带动生态脱贫攻坚制度创新试验。五大战略之间，具有十分密切的联系。大生态是基础，大扶贫是目标，大健康、大数据和大旅游是手段。五大战略构成五个轮子，驱动贵州国家生态文明试验区实现跨越发展，这在全国，实属首创。首先，贵州充分利用生态发展与扶贫攻坚的协同共赢关系，建立生态品牌制度，建立生态标准，树立生态价格标杆，引导市场对生态产品的差别定价，释放生态脱贫红利。其次，贵州充分利用扶贫方式创新推进生态产业发展。如，将贫困孩子、劳动人口送出去，将人才、资金和客源引进来，实行开放扶贫，主要形式有教育扶贫、打工扶贫、交流扶贫、就业扶贫。最后，将大健康产业作为未来产业发展的主打方向，结合大旅游，带动大数据，确保大生态，推进大脱贫。将生态扶贫战略列入国家实验区建设工程，是贵州国家实验区建设的重要特点。

5. 森林康养产业进入绿色生态扶贫领域

2017 年中央 1 号文件提出，要大力改善森林康养等公共服务设施条件，充分发挥乡村各类物质与非物质资源富集的独特优势，利用"旅游＋""生态＋"等模式，推进农林业与旅游、文化、康养等产业的深度融合。2016 年国家林业局公布了率先开展全国森林体验基地和全国森林养生基地试点建设的单位名单，共 18 个基地，覆盖 13 个省（区、市）①。在这一大好形势下，森林康养产业已经进入贵州绿色发展领域。为推动森林康养产业规范、健康、有序、快速发展，2017 年贵州省林业厅起草了《关于加快森林康养产业发展的意见》，同时学习借鉴国内外森林康养经验，开展了"贵州省森林康养基地建设规划技术规程"和"贵州省森林康养基地建设规范"等标准的研究工作，

---

① 邓三龙：《森林康养的理论研究与实践》，《世界林业研究》2016 年第 6 期。

并力图通过科学编制森林康养产业发展总体规划，合理布局森林康养基地，引领全省森林康养产业健康发展。目前，贵州省林业厅已经确定了 12 个首批省级森林康养试点示范基地，森林康养已成为贵州林业发展的新业态、新方向，转型升级的新抓手，同时，"大生态森林康养"，作为林业产业的新动能、新引擎，也开启了林业产业发展的新模式。2016 年，贵州扎佐林场仅是森林疗养一块，经营产值就接近 2000 万元①。

三　贵州生态扶贫问题与脱贫攻坚挑战

1. 缺乏释放气候红利的强势脱贫龙头康养产业

贵州最好的生态资源在气候，最大的生态功能在康养，最有发展前景的产业是健康。贵州独特的气候资源、水土资源、生态环境、食物资源、少数民族原住民文化资源、原始与现代结合的养生方法、远离繁华喧嚣的僻静环境，为发展大规模老年康养产业、度假康养产业、病残康养产业等，提供了非常有利的条件。与农业、工业、旅游业、大数据产业相比，康养产业具有以下综合优势与发展前景：第一，属于外向型服务产业，服务人类健康消费的需要，市场需求规模巨大。2016 年底，全国 65 岁以上老年人口高达 2.3 亿多人，持证残疾人口 3219.4 万人，离退休人口近 1 亿。这些人口，构成了贵州康养产业的巨大需求。第二，立足于生态优势，产业附加价值高，能直接将生态效益转换为经济效益，更充分地释放贵州气候生态红利。第三，用地集约节约，污染排放少，产业发展与生态保护相容，有利于生态文明

建设。第四，融合发展前景好、龙头带动效用很强，作为消费需求端，可以直接与旅游业相对接，带动生态农业、新型工业和健康产业的大发展。第五，属于劳动密集服务行业，有足够的吸纳贫困人口就业的能力，确保产业脱贫的带动效果。

贵州康养产业起步于 2015 年。2015 年 10 月，贵州黎平县与中外客商签订森林康养大健康项目。2016 年 4 月，贵州省林业厅举办了贵州省森林康养基地建设培训班。2016 年 7 月，贵州首家森林康养基地正式在景阳森林公园内的扎佐林场落成。同年 9 月，贵州省铜仁市的梵净山和思南白鹭湖被确定为第一批全国森林康养基地试点[①]。

总体来看，贵州省森林康养尚处于起步阶段，森林康养基地不仅数量少，而且相关的软硬件配套也十分欠缺，没有形成产业集群，无法有效获得森林康养产业带来的各方面红利，离龙头产业地位还十分遥远。

2. 尚未形成主次明晰、有序高效脱贫产业体系

脱贫主要靠就业。农村劳动力外出工作，获得工资收入，是农民增收的主要途径。目前，能够为贫困劳动人口提供就业岗位和工资收入的产业，不是农业，也不是工业，而是建筑业、旅游业、物流业、康养业和都市服务业。因为农业增收少而慢，脱贫效果不好。一般工业产能过剩，污染排放多，对生态的毒副作用大。

贵州尚未形成主次明晰、有序高效的脱贫产业体系。虽然贵州坚持以脱贫攻坚统揽经济社会发展全局，坚持加速发展、加快转型、推动跨越式发展，但其带动战略仍念念不忘工业化和城镇化，仍然认为

---

① 李权、张惠敏、杨学华、谢朝娟、李性苑：《大健康与大旅游背景下贵州省森林康养科学发展策略》，《福建林业科技》2017 年第 2 期。

没有工业化，贵州工业强省就是一句空话。2016 年，贵州对脱贫贡献大的服务产业比重只有 45%，在服务产业中，旅游业实现"井喷式"增长，全省旅游总人数 5.31 亿人次，较上年增长 41.2 个百分点，实现旅游总收入 5028 亿元，同比增长 43.1%。比较重视发展就业容量有限的旅游产业，没有认识到就业容量无限的康养产业的重要性。2016 年，全省固定资产投资 1.3 万亿元，其中，基础设施投资占41.3%，工业投资占 23.7%，房地产开发投资占 16.5%，而与生态脱贫产业高度相关的农业和服务业投资只有 18.5%，远远低于工业。在扶贫资金的使用上，沉迷于传统的发展思路与模式，大搞农业和建筑业。2016 年，贵州第三产业增长率为 11.5%，比工业只高出 0.4 个百分点。也就是说，贵州没有转过弯来，集中发展服务业，第一、第二、第三次产业结构体系向第三、第二、第一的产业结构体系转变不快，以脱贫攻坚为目标的产业体系主次不明。

3. 异地搬迁扶贫工程的生态脱贫效果有待改进

异地搬迁为中央所定的精准扶贫措施之一。一般使用于缺水、缺土，沙漠化严重、一方水土养不活一方人，生态承载力极低且人口超载的地区。贵州异地搬迁扶贫成绩巨大。2001～2016 年，累计搬迁123.7937 万贫困人口[①]。其中，2016 年，贵州全省开工建设安置点555 个，建成安置房 8.92 万套，分两批搬迁 45 万人，其中，建档立卡贫困人口 34.6 万人。人是搬迁了，房子也盖了，资金投入了，生态脱贫效果如何呢？

实地调查来看，存在以下有待改进的问题：第一，多属于村内搬迁，并没有按照习主席所要求的"尽量搬迁到县城和交通便利的乡镇

---

① 邓小海、曾亮：《贵州生态文明建设与精准扶贫互动对策探析》，《贵州社会主义学院学报》2016 年第 4 期。

及中心村"，贫困人口的生活生产生态环境没有得到质的改善。第二，一些工程热衷于盖房环节，没有"想方设法为搬迁人口创造就业机会，保障他们有稳定的收入"，贫困人口还在原有土地、原有生态空间上作业，不仅没有减轻人口对生态的压力，而且还由于生活空间与生产空间的分离，造成了群众生活与生产的不便。第三，搬迁人口脱离生态、生活，而采用商品化的生活方式，开支增长快，经济压力大，群众有怨言。第四，由于搬迁群众需要依靠老宅及其周边的承包地谋生，"两头占"的情况比较普遍，新建安置房占用耕地，搬出区老宅土地难以整理。第五，移民搬迁工程并非全部为扶贫工程。2016 年，贵州非扶贫移民搬迁工程占全部搬迁工程的 23.1%。第六，生态移民搬迁工程成本高，补偿低，老百姓有意见。第七，一些生态移民工程，迁出原住民，搬进新居民，实际不生态。第八，人均搬迁成本直线上升。2001~2010 年，人均搬迁成本只需 0.6325 万元，2012~2015 年，上涨到了 2 万元，2017 年上涨到 6.8 万元。搬迁的脱贫效益变小，政府负担变大，工作费力不讨好。

表 1　贵州异地搬迁扶贫规模与未来搬迁规划

年　份	1994~2000	2001~2010	2012~2015 上半年	2016	2017	2016~2020
易地扶贫搬迁资金（亿元）	—	24.2	85.7	—	451	—
搬迁贫困户（万户）	0.1781	8.78	—	—	15.9	39
搬迁贫困人口（万人）	8.5237	38.27	42.4	34.6（45）	66	162.5
人均搬迁资金（万元）	—	0.6325	2.0121	—	6.8	—

资料来源：邓小海、曾亮：《贵州生态文明建设与精准扶贫互动对策探析》，《贵州社会主义学院学报》2016 年第 4 期。2016 年数据为作者在 http://www.gzsskhstymj.gov.cn 等网页上收集。2016~2020 年数据来自《贵州省易地扶贫搬迁工程实施规划（2016~2020 年)》。

4　防辍保学扶志教育没到位，自主脱贫志向不高

2015 年，习近平指出"扶贫先扶智，绝不能让贫困家庭的孩子输

在起跑线上，坚决阻止贫困代际传递"。贫困孩子如果从小学阶段就有好学、爱学的志向，有通过升学而实现脱贫的机会，就一定能飞出山区贫困村落，不仅自己能够脱贫，还能带动他人脱贫；不仅能减少搬迁工程节省扶贫资金，还能够带回资金与技术建设美丽乡村；不仅能够阻断贫困代际传递，还有可能帮上一代人早点脱贫。调研发现，在贵州某少数民族旅游业十分发达的村寨，存在12岁小学阶段孩子辍学帮家里干活的现象。本地旅游和餐饮业十分发达，门店劳动力短缺，一些孩子初中毕业后，由于不能上高中和职专，也选择在本村打工就业。

扶贫必先扶志。没有脱贫的志向，就没有脱贫的内生动力、积极性和主动性。习近平同志早就指出，"如果扶贫不扶志，扶贫的目的就难以达到，即使一度脱贫，也可能会再度返贫"。由于防辍保学扶志教育没到位，新一代部分青少年，知晓贫困也是资源，不劳有人送，不富有人扶，缺乏学习积极性、进取之心、自主脱贫之志。由于自主脱贫志向不高，贵州个别地方贫困群众和干部"等靠要"思想比较严重，脱贫的积极性、主动性、创造性发挥得不够。

5. 部分项目违背生态建设要求而成为祸害工程

河道功能本为行洪。将高出河床水面的河道做成湿地景观，也无可厚非。但贵州有的地区将河道打造成社区公园。在河道社区公园里建水泥护岸、亭子、花园、游览道路，投资不少。由于违背生态规律，护岸、亭子、花园、游览道路每年均被洪水摧毁。当地不思悔改，仍然花大力气进行修复。年复一年，不知浪费了多少公共财政资金。某村寨发展旅游业，旅店建设过度，90%的原有苗民建筑被改造成3层以上的接待客栈。少数民族的特色老木架建筑物被改建得所剩无几了。对自然河岸见缝插针，建起了酒吧一条街。历史遗迹不复存在，真风貌被人造的假风貌所取代。生活污水处理设施严重不足。原汁原味的苗民生活、苗民风情，均被金钱掩埋。这些只顾眼前，不管长远的开发建设项目与工程，不仅危害生态，还祸害脱贫发展。

6. 缺乏科学定价机制，生态产品红利价值被低估

贵州特色生态产品有很多，小到湄潭翠芽、中草药天麻、杂粮薏仁米，大到苗医、生态旅游、气候康养，等等。其中，已经列入国家地理标志产品的绥阳金银花茶和黎平香禾糯，市场价格分别比邻省湖南同类产品高67%、100%。而西江苗寨门票、修文扎佐镇龙润森林酒店、都匀毛尖、从江黑香猪等，或因国家地理标志产品身份不明，或因缺乏支持特色产品的差异化定价政策与制度，市场价格分别比邻省其他省份同类产品低17%、35%、36%和50%。生态产品价值被人为低估，生态红利流失到省外，导致贵州产业扶贫的投入产出效果大打折扣。生态产品红利价值被低估，贵州的绿水青山，要变成金山银山，就困难了。

表2 贵州与邻省同类生态产品或服务淘宝价格比较

编号	贵州生态产品价格	邻省生态产品价格	价差（%）
1	贵州西江苗寨门票价100元/人	湘西凤凰山江苗寨门票价120元/人	−17
2	贵州修文扎佐镇龙润森林酒店标间220元/天	湖南宁乡青羊湖森林康养酒店标间340元/天	−35
3	2017年明前贵州都匀毛尖172元/斤	2017年明前峨眉山毛尖270元/斤	−36
4	2016年从江黑香猪300元/头 黎平香禾糯包装12元/斤	河南黑香猪600/头 湖南糯米包装6元/斤	−50 +100
5	2017年1月威宁党参鲜货13~45元/公斤	2017年1月长治壶关县潞党参中条干货140元/公斤	−
6	绥阳金银花茶200元/斤	湖南隆回金银花茶120元/斤	+67

资料来源：作者2017年9月22日在网上采集。

四　贵州生态文明脱贫发展思路与策略创新

1. 构建贵州生态康养品牌产业，打造国家生态康养产业基地

构建贵州生态康养产业品牌，打造贵州生态康养产业基地。到2020年，如果能建设集医疗、养生、养老、康复、保健、教育、文化、体育于一体的康养产业体系，布局1000个具有贵州特色的康养基地，年服务人数可以达到2亿人次，年综合收入可以达到5000亿元，可以解决10万个脱贫就业岗位。在贵州东北部的铜仁市，以梵净山为中心，打造心灵生态康养产业基地；在贵北，依托箐柏自然保护区，打造长寿生态康养产业基地；在丙安古镇，依托竹海国家森林公园，打造节气生态康养产业基地；在神龙洞、织金洞和阳明洞等地，依托洞天福地资源，打造道家文化康养基地；在黄果树、荔波、赤水、草海、舞阳河、马岭河等地，打造负氧离子康养产业基地；在西江苗寨、肇兴侗寨等地，建设民俗民医疗养产业基地。要鼓励林业部门，重点抓好已经规划好的开阳椿悦南江森林康养中心、赤水市天鹅堡森林康养基地、贵州习水习部森林康养基地、安顺西秀九龙山森林康养基地、独山紫林山森林康养基地、黎平侗乡森林康养基地、梵净东麓森林康养基地、百里杜鹃国家森林公园森林康养基地、野玉海森林康养基地、贵州北盘江森林康养中心、贵州景阳森林康养中心、从江加榜森林康养中心等建设。将这些中心和基地，打造成贵州康养脱贫产业主载体。

2. 优先做强第三产业，以第三产业带动第二产业托举第一产业，构建绿色生态脱贫产业体系

坚持以康养产业为龙头，以生态品牌定价机制创新为抓手，优先做强第三产业，带动第二产业提质，托举第一产业增值，理顺产业配套关系，延伸生态产业链条，构建康养脱贫产业集群和支撑体系。进

一步大力发展与康养产业高度对接、紧密配套的生态旅游产业、风情
体验产业、物流客运业、酒店饭店客栈服务业、医疗保健业、生态农
业、生态食品加工业、理发按摩针灸业。这些产业，依托清新空气、
优美景观、绿色环境、民俗文化等生态文明资源而发展，对生态毒副
作用少，同时就业能力大，投入产出比高，脱贫带动能力强。

要通过宅基地入股、土地流转、市场化准入、税收减免等政策措
施创新，吸引外地资金和人才参与当地康养产业基地的建设。要以居
民村、居民寨和居民镇为基础，以生态、生活、生产、康养为功能单
元，按照美丽新农村和特色小城镇的标准，配套建设必要的医疗卫生
设施和污水垃圾处理设施，建设生态健康、生活舒适、生产清洁、康
养发展"三生一养"统筹协调的生态康养基地。

3. 开发与打造强势生态绿色产品品牌，释放生态红利

在实体经济外生成本大幅上升、产能过剩的时代，正确的品牌建
设策略在获得较高品牌溢价的同时，可以降低单位产值能耗与排放，
推进生态文明建设[1]。生态产品本身就是一种品牌，由于其存在原产
地、原生态、原工艺等地理标志，加上生态级差地租，从而还存在品
牌垄断溢价。

省林业厅还将着力抓好森林康养市场主体的培育。通过精心谋划
推出一批森林康养优质项目，创新机制和模式，充分发挥市场的作用，
探索采用 PPP 等融资模式，积极引导金融资本和社会资本进入森林康
养产业，促进投资主体多元化，形成国家、企业、民间资本等多渠道
投资并举的局面。通过实施品牌战略，打造森林康养地理品牌和地域
品牌，打造森林康养名牌基地、名牌企业、名牌产品。鼓励支持康养

---

[1] 袁文华、孙曰瑶：《实现生态文明的品牌溢价路径研究》，《中国人口·资源与环境》2013
年第 9 期。

基地申报有机产品、绿色食品、生态原产地认证，开展森林康养基地等级或星级评定。支持六盘水以开放性思维、战略性眼光，打造"中国气候凉都"，建设知名"山水康养胜地"等品牌。通过充分挖掘和融合食疗、药疗、水疗、芳香疗等传统养生文化，积极培育具有地方特色的森林养生、森林疗养、森林健身、森林康复等森林康养产品。加强森林康养食品、饮品、化妆品和纪念品等的研发与营销。加强无公害农产品、绿色食品、有机食品、森林食品的开发与认证建设，推出具有特色的森林食品和有针对性的食疗菜单，以此带动全省森林康养产业的发展。省质检部门要大力出台贵州省生态服务与产品星级标准、产地标准，大力开展生态服务与产品星级认证、产地认证。

贵州省市县物价管理部门，对于旅游、康养的公共产品和市场商品的定价，如景区门票、饭店房价、酒店服务、食品饮料等，要考虑生态星级认证，在原定价标准的基础上，给予上浮一级到两级的政策，彰显生态红利与市场价值。认证范围包括综合认证，如有机农产品认证、绿色服务认证；也包括单项认证，如无转基因认证、无农残认证。还可以创立提高信息透明度、增加附加值、吸引客源、便于销售的其他认证，如原产地认证、原生态认证等。通过认证这一项，在产量和规模不变的情况下，贵州的 GNP 就能增长 30% ~ 50%。

4. 以引导底价系统建设为支点，推进生态产品市场价值最大化

2017 年 11 月，贵州被列为国家生态产品价值实现机制试点省，为贵州将绿水青山转变为金山银山，提供了超越全国各地的黄金通道。贵州省委和省政府要求贵州发改委会同有关部门和地区，按照国家的统一部署和要求，积极开展贵州生态产品价值实现机制建设的试点工作，围绕生态产品的核算和评估、生态产品交易市场的培育、生态资产的资本化运作、生态产品与生态资产市场化制度和保障措施建

设，为全国提供可复制、可推广的经验与模式。

由于生态产品大多为农林产品，与粮食和棉花等农产品一样，存在市场价格不高、致富效益低等状况。但由于其社会价值大、生态效益好、扶贫贡献大，我们不得不采取保护性发展措施，通过建设市场托底价、最低指导价、级差地租价、生态区位价、生态环节价、生态保育价等新型价格系统，来支撑贵州生态资产和生态产品价格实现高位逆转，从而为全国生态产业发展、生态产品交易市场制度创新、生态资产价值实现机制构建做出新贡献。具体有以下几点建议：第一，要以最低价政策形成托市效应，按照市场原则有条件地抬高市场"基准价"，确保生态投入安全，确保生态产出有效，确保生态经济获利，确保生态扶贫成功。第二，为避免政府直接托市所产生的财政负担，需要建立以市场托市场，以品牌托市场，以地域托市场，以生态区位、生态功能与生态属性托市场的新的生态资源产品服务市场价格自生制度。第三，对生态资源产品服务进行分类分种。每一类和每一种生态资源产品服务，由政府制定保护性指导底价，即市场最低价。第四，为解决经济级差地租对生态级差地租的侵蚀，建议政府保护性指导底价采取多层级设计。例如，省、市、县、乡政府对其所管辖地区制定各自的指导性底价。第五，由于生态资源产品服务具有较强的地域性、区位性，以及原产地和地理标志等唯一性，下属政府所制定的指导性底价，不得低于，只能等于或高于上级政府所制定的指导性底价。以此形成以全省为基底，以市、县、乡分别为第二、三、四层级，层层叠加的金字塔形指导性底价体系。第六，各地生态资源产品服务的市场价，或由企业自行制定，或由市场供求决定，上不封顶，可以浮动，但最低价不得低于五级金字塔指导性底价。否则，政府对低于指导性底价的交易商双方可以进行约谈和处罚。

推进贵州生态产品引导底价系统建设，对贵州生态产品价值实现具有以下积极意义。第一，克服了生态产品长期低价，价格恶性竞争，摧毁生态产业的不良局面。第二，最终价格的形成，有政府和市场、企业和公众、生产者和消费者、管理者和监督者的多方参与，是各方利益结合、博弈和市场力量均衡的表现，比较公平。第三，在满足私人消费需要和大众普惠福利的同时，最大限度地保护了生态产品生产者个人、企业和地方基层政府的收益与权益，保障有足够的生产者剩余回流到产品生产区，供那里的贫困人口脱贫致富，进一步做大做强生态产业。第四，上不封顶的浮动价格体制，确保西部优势或稀缺性生态资源产品服务取得较高的市场定价和市场交易优势，这有利于调动社会资本、民间资本投资生态产业的积极性，有利于东部资本、城市资本，向经济贫困、生态空间大的西部或山区转移，有利于贫困地区脱贫攻坚。第五，生态产业所产生的税收，如果专款专用生态建设，扶持生态产业发展，会扩大社会生态资本总量，提高保护环境、修复生态、增值自然资产、释放生态红利的能力。第六，如此良性循环，不仅绿水青山会变成金山银山，而且绿水青山的价值会远远高于金山银山。一个生态文明强省，在新的价格机制的支撑和推进下，一定能够早日建成。

5. 转变扶贫工作方式，优化扶贫资金使用方向，以安排就业为重点

扶贫要扶出群众满意的好效果，关键不在于盖房与搬迁，而在于帮助贫困农民脱离农村第一产业，在城镇第二、第三产业实现就业。如果实现了就业，有了稳定的工资收入和五险一金，就能实现脱贫。搬迁，不一定能脱贫，搬迁也不一定能解决环境过载问题。尤其是村内搬迁，没有非农就业转移，就难以达到脱贫与降载两个目的。贵州总结过去村内搬迁效果不好的教训，从 2017 年开始，实施以就业转移为目的的搬迁，计划以县城为主、中心集镇为补充；直接在市区、县城、乡镇中心建设移民安置点，以县（市、区）为单位集中建设管

理，让新迁入的贫困人口，有接近非农劳动力市场、实现就业转移增收的机会，这是扶贫工作改革的一大进步。但是还不够。从山区转移到城镇的贫困人口，很难一下子适应非农劳动力市场，实现非农就业。为此，政府要给这些适龄劳动人口，在搬迁的头三年安排适当的公益就业岗位。园林工人、环卫工人等由公共财政开工资的职位，要空出来，优先安排新迁入的贫困人口。只有这样，才能做到搬得出，稳得住，见实效。

上文已经提到，农业扶贫项目投入周期长，风险大，增长慢，收入不稳定。这决定了靠农业扶贫、脱贫希望有限。相反，康养产业等服务行业，投入周期短，风险小，增长快，收入稳定，既生态又环保，扶贫脱贫效果立竿见影。扶贫的关键，不是农业产业化，不是退耕还林，不是种植果树搞林下经济，而是安排贫困人口实现非农就业。为此，贵州扶贫资金要变分散使用为集中使用，要从第一产业投入转移到第三产业投入，从农业投入转移到康养投入。为培育股份化的脱贫康养现代龙头产业，支持第三产业集中集约规模化发展，贵州迫切需要创新扶贫资金使用方式。

6. 要充分重视扶志先于扶智，搞好阻断代际贫困传递的励志教育扶贫

农村中小学教育，是阻止贫困代际传递的重要途径。教育扶贫，成本低、效果好、持续性强、一本万利，是各种扶贫手段中的首选，十分关键。抓生态脱贫，就是保护生态红利、恢复生态红利、释放生态红利。这需要认识上、观念上、行动上的巨大转变。实现这个转变，关键在于教育。发展教育，是文明脱贫的先手棋，是其他一切脱贫方式推进的前提。在中东部劳动力短缺的条件下，贵州向中东部输出高素质劳动力，可以快速地实现在生态保护与脱贫双赢目标的条件下，搞好教育，包括义务教育、职业教育、学历教育。教育扶贫，不仅要扶学、扶病、扶残、扶老，更要扶志、扶心。只有扶志、扶心，才能

"激发贫困群众脱贫奔小康的积极性、主动性、创造性，才能弘扬自力更生、艰苦奋斗精神，才能提升贫困群众自我组织能力、自我发展能力和参与市场竞争的能力"。

扶志先于扶智。励志扶贫要从小学生做起。政府要拨出专项资金，由学校组织贫困小学生、初中生到东部沿海大城市进行交流，让这些学生在东部对口帮扶的学校、年级、班级学习交流一个学期，并在对口帮扶的东部学生家庭生活居住半年。让贫困学生开阔眼界，知道外面的世界。高中教育的目标不在于升学，而在于培育学生就业技能与创业志向。学校要以学生夏令营、冬令营等方式，组织贫困生到东部的大学、企业、职校进行参观学习，要组织已经脱贫的校友返回学校现场宣讲自己的自主择业创业脱贫的经验。东部地区的中小学校，要履行教育帮扶的义务，每个班或每个年级，要留 10% 的名额给贫困生，实行混班教育。西部贫困生的生活费用，由扶贫资金专项列支。只有这样，一对一的对口帮扶才能做到根子上。

7. 适当压缩搬迁扶贫资金比例和额度，提高扶贫资金的投入产出效果

脱贫精准继续到人。针对不同人群，要采取不同的扶贫方法。例如，针对农村 70 岁以上的老年人，扶贫工作重点在于建立健全无缝覆盖的养老保障体制、医疗保障体系、村镇社区老人养护体系。对于贫困学生，包括小学生在内，扶贫工作重点在于防辍保学、义务教育、开阔眼界、培养自主脱贫志向。针对劳动适龄人口，扶贫重点在于培育劳动技能，创造就业岗位，鼓励企业优先雇用贫困劳动适龄人口。针对病残老三类贫困人口，扶贫重点在于供养。

压缩异地搬迁扶贫资金比例和额度，势在必行。主要原因，一是贵州人均搬迁扶贫资金上涨很快，2017 年搬迁一个贫困人口需要投入资金 6.8 万元。预计未来几年会涨到人均 10 万元以上，无止境的搬迁导致财政压力很大。二是老百姓对搬迁满意度不高。因为搬迁只是帮贫困户盖了新房而已，不能解决就业与收入来源问题。新房比旧房面积缩小了很多不说，还增加了自来水、柴改气、卫生费、污水处理等额外支出，增加了贫困人口生活的长期经济负担。

如果将这近 7 万元扶贫搬迁款直接用到每个贫困人口身上，直接扶智扶技，甚至转为社保直接供养，效果要好得多。例如，对于贫困学生来说，这 7 万元可以解决 7 年在外地上学的生活学习费用。该学生毕业后，成为劳动力，可以直接外出工作并实现跨地区移民，达到永久脱贫效果，同时减轻山区人口对生态的压力。对于老人来说，如果 7 万元转换为养老保障基金、医疗保障资金基金，从 70 岁开始，可以补到 80 岁，每年每个老人有近 1 万元额度，老年人可以有实实在在的获得感。对于劳动力来说，若 7 万元转化为贫困人口的创业奖励资金、自主就业风险资金，扶贫效果会更好。

第七章

立足大康养创新政府
公共管理

一 几个基本概念的含义界定

1. 大康养

康养的概念近来已渐被学业两界使用，然而就现有的国家法律法规和政策文件来看，尚没有"大康养"这一术语概念。另外，学业两界虽然逐渐使用"康养"这一术语，但对于何谓康养，特别是其全称是什么，似乎也没有给出界定和阐述。因而，首先分析和界定康养的准确含义，是我们解读大康养体系建设命题过程中难以回避的基础性理论问题。

文献回溯表明，一段时期以来，与康养相似的术语其全称存在健康与养老、健康与养生、健康与营养，甚或有健康与保养几个称谓。由于养生问题基本包括了营养这一组分和方式，相应的，健康与养生的外延或范围自然也就大于健康与营养。另外，保养是养生这一词在生活中的通俗表达语。因而，如果推进延伸到经济社会发展层面，康养一词主要是健康养老或健康养生的缩略语。

再进一步分析，随着人们生活水平的提高，老年群体和青年、中年人一样，更加注重养生，并将养生作为维护身体健康，从而走养生型健康以应对传统的养老问题负效应之路。鉴于此，我们将康养体系构建问题定位在健康与养生维度，将养老这一重要维度下的大康养纳入总体分析框架之中，从而分析探讨如何采取合适的公共政策措施，大力度发展覆盖更多类型群体的多领域康养产业和事业。这就形成了大康养体系构建的时代命题。

我们认为康养是健康与养生的简称的同时，实际上也就简要表明了康养的基本含义。由于健康、养生和养老，它们的主要含义比较明确，且已经取得共识，因此，弄清楚康养是健康和养生的简称，也就顺理成章地获得了康养的基本含义。

然而，在康养这一术语前面加上前缀"大"字，是说明产业（事业）规模之大，还是涵盖的领域宽广，或是所提供的康养类物品关涉的居民面广且量大呢？综合各方面情况来看，这里的"大"，应该说是含有上述几个方面的意思。

2. 大康养产品、大康养产业和大康养政策

在辨析并交代了两界尚未给出的关于康养、大康养的基本含义后，接下来我们也扼要阐述几个与大康养相关的组合词的含义。这就是大康养产品、大康养产业以及大康养政策。

显然，我们是在贵州国家生态文明试验区建设的大前提、大背景下探讨大康养产品、大康养产业以及相关的大康养政策问题的。如何为贵州国家生态文明试验区建设增添强劲动力和新动能，我们当然不能简单地就生态系统培育保护、生态资源有效配置本身来制定系列政策，而是力求将建设生态文明试验区与发展生态引领型的一些关键产业、引擎型产业、战略性新兴产业，统筹起来谋划部署。如此看来，与贵州生态文明建设主题相关的大康养产业，实际上是生态型、绿色型大康养产业，虽然其存在于人们生活中的多个领域，包括衣食住行、娱乐旅游、文体医疗等，"小到一杯水，大到一栋房子，与人有关的领域"①，就有康养产业，并且它凸显资源节约、环境保护、节能减排

---

① 〔德〕贝恩德·埃贝勒：《健康产业的商机》，王宇芳译，中国人民大学出版社，2010。保健是身体、精神和心理整体上的一种舒适感，它包含生活乐趣、享受、社会联系以及认可等多种不同因素；也有将保健解释为身体、精神和心理上令人感觉愉快的一种平衡状态。实际上，这应该是高水平健康的含义。而像"在变得越来越复杂的生活和职场中，使人有能力坚持下来的所有减压和保养技术的总和"，以及保持身体、精神和心理整体上的舒适感，可能才是保健一词的含义。从字面上看，保健似乎就是保持健康的意思，这也许是理解保健和健康这两个概念之间关系的简便有效的视角。见序言和1~9页。

等生态型发展、绿色发展的基本特征。

大康养产业是生态型、绿色型大康养产业的简称，大力发展这种有利于生态环境保护而又撬动经济持续增长的产业类型，无疑可直接为生态文明试验区建设增添绿色发展新动能，从而为建设高水平的国家生态文明试验区注入经济活力，夯实经济基础。而且，以此实现重点突破，能有效推动贵州全省生态建设、环境保护和生态文明建设，进而促使全省守住生态环境保护和经济社会持续发展的"两条底线"，确保"两山"一起建，"两个效益"一起收获。

虽然国家政策文件中已经较多地阐述健康产业、养老产业，然而，并未出现大康养产业乃至康养产业的政策表述，更未界定大康养产业和康养产业的含义。在这种情境下，不时出现未界定大康养产业乃至康养产业的含义，就将一些有相关联系然而却不等同的产业，视为康养产业的现象。例如，有研究文献如此表述：2013 年以来，国务院先后出台了《关于加快发展养老服务业的若干意见》《关于促进健康服务业发展的若干意见》《关于促进旅游业改革发展的若干意见》等指导性文件，还有关于推进医疗卫生与养老服务结合，更好地保障老有所医老有所养的文件和政府领导人的讲话①，推进医疗卫生与养老服务相结合，一是促进医养融合对接。医疗机构为养老机构开通预约就诊绿色通道，养老机构内设的医疗机构可作为医院康复护理场所；二是鼓励社会力量兴办医养结合机构；三是强化投融资、用地等支持。在全国每个省份至少选择一个地区开展医养结合试点示范。

---

① 国务院办公厅转发国家卫生计生委、民政部、国家发展改革委、财政部、人力资源和社会保障部、国土资源部、住房城乡建设部、全国老龄办、中医药局《关于推进医疗卫生与养老服务相结合的指导意见》国办发〔2015〕84 号，该文件就进一步推进医疗卫生与养老服务相结合，满足人民群众多层次、多样化的健康养老服务需求做了部署。政府领导人的讲话，参见李克强总理于 2015 年 11 月 11 日主持召开的国务院常务会议讲话精神。

这就逐步形成了国家对康养产业的顶层设计，为康养产业发展带来重大战略机遇并提供了政策利好大环境。从中不难发现，这里将养老服务业、健康服务业推定为康养产业。不过，国家正式的文件中，似乎还未出现康养产业，也未提出康养产业是健康与养生产业，或健康与养老产业的简称。当然，既然前面我们已经界定了大康养的含义，那么，大康养产品自然就是那些健康和养生类的产品，与养老相关的健康产品和服务则是大康养产品和服务的重点领域之一，大康养产业就是生产同类或相似的大康养产品的若干企业构成的集合，而大康养政策则主要是该产业领域的基本政策或制度安排。

在文献回溯、比较辨析的基础上界定好康养、大康养以及相关的组合词的含义后，下面我们着重从搭建相关的政府公共管理新体制出发，阐述贵州大康养体系建设问题。

二　促进大康养体系建设的政府公共管理体制改革思路

康养产品给人们带来美好的生活，康养产业则是贵州未来经济发展中的战略性新兴产业和支柱引擎产业。如果说美国两任总统经济顾问保罗·皮尔兹将他眼里的健康产业比喻为未来最具发展潜力的重量级明星产业，是"财富第五波"，那么，对贵州来说，大康养产业就是全省未来最具发展潜力的重量级明星产业，是稳增长、调结构、惠民生、促改革、"守两线"，从而获得多重效益的生态型明星产业。

既然康养产品和康养产业都是紧密围绕人的基本需求而存在和发展的，那么，我们也就需要从人的生活需要范畴出发，探讨如何搭建有效的政府公共管理体制，为大康养产业提供持久、强大的制度性推动力。

1. 围绕人的康养需求确定相关联的政府部门

正确合理地划分康养产业发展所关联的产品类别乃至各相关环节，是确定大康养产业各相关具体类别和领域的先导。进而确定应由哪些相关的政府部门制定综合规划、专门规划，制定相关政策或供给合适的制度安排，推动大康养持续健康发展并助力贵州全面脱贫奔小康。从前文的有关分析可知，一个较为可行的具体思路是，我们应围绕对贵州大康养物品有消费需求的居民衣食住行、医疗，以及娱乐、养生等方面，倒推出相关的关系紧密的政府公共管理领域和部门，从而构建契合省情的基于大康养体系建设视角的公共管理体制基本框架。

这些政府部门包括：水资源管理、土地资源管理、食品药品监督管理、服装行业管理、住房建设、交通建设、公共卫生管理、中医药管理，以及文化、旅游和发展改革部门；此外，还应包括与发展大康养产业相关的教育行政管理、科技管理，以及培养大康养产业人才的学校体系等。

黔东南州大力发展生态旅游业的实践表明，面对生态环境脆弱的情况，将资源节约、资源消耗低、对生态系统干扰较小的生态型旅游业作为支柱产业，并将田园类住宅同步开发，更好地吸引了贵州省内外有经济实力、有康养需要的消费者，实现了生态旅游和康养的有机融合，是越过传统的工业化阶段，实现康养生态旅游等服务业带动人民脱贫致富奔小康的可持续发展之路。这为贵州其他州市的发展道路探索，提供了有益的启示。

2. 公共管理体制推动康养产业发展的国际经验借鉴

国外的文献，多介绍了健康产业发展的必然性、重要意义和光明前景，指出其成为金融风暴中"不缩水"的少数几个行业，发展规模也越来越呈现几何级数增长，日益成为世界经济发展的重中之重，等等。所以，借鉴国外经验时，可从国外政府管理体制是如何促进本国健康产业发展入手。

此外，就现有的文献来看，国内康养产业作为一种新业态，在国外有时也被称为"疗养"。例如，大康养体系中的森林康养，在国外就表现为"森林疗养"，它起源于德国，流行于发达国家，并以森林资源开发为主要内容，融入旅游业，其发展经验值得我们借鉴。四川省在此方面，已经先行一步并结合省情进行了模式创新①。贵州省也在这方面进行了一些探索和创新。

因而，也可从国外政府管理体制如何促进本国疗养产业着手，挖掘值得借鉴的经验。美国太阳城和 CCRC 持续照料退休社区开发模式，是美国比较主要的两种养老地产开发模式，还有法国薇姿"温泉 + 养老"的产业发展模式，等等。

除了健康活跃的老人常住乃至定居外，也有旅游休假、公务休假的在职职工加入康养群体中。需要细化消费需求，比如说，康养老人还可以细分为完全可以自理、半护理和全护理的老人。贵州医科大学、贵州中医学院，都有发展疗养、养生、养护等产业人才学科建设的较为广阔的空间。

3. 构建契合省情的"大康养公共管理体制"

在分析了大康养的含义、阐明大康养物品的类别，并确定与生产提供大康养物品、发展大康养产业紧密相关的政府部门后，现在结合贵州已有的理论探索和实践发展现况，集中探讨如何改革相关的政府

---

① 2016 年 5 月 31 日，《四川省林业厅关于大力推进森林康养产业发展的意见》在全省正式印发。该意见提出，到 2020 年，全省建设森林康养林 1000 万亩，森林康养步道 2000 公里，森林康养基地 200 处，把四川基本建成国内外闻名的森林康养目的地和全国森林康养产业大省。森林康养，是近年来四川林业引进国际森林疗养理念，结合省情林情创新确立的战略新兴业态。在顶层定位上，得到了国家林业局和四川省委省政府的充分肯定，森林康养被纳入《全国林业"十三五"发展规划》，被写进了《中共四川省委关于国民经济和社会发展第十三个五年规划的建议》《四川省养老健康服务业"十三五"规划》。

公共管理体制，以有效率的完备的体制，为贵州大康养体系建设提供强大的体制动力。

正如前所述，贵州所要发展的大康养，必定是生态引领型的大康养产业（事业），而不能是发展了某种康养产业，却牺牲了生态、破坏了环境。即这里定位在"生态＋大康养"的产业发展框架下，构建系统完备、高效运行的政府公共管理新体制。

前文已经交代了与大康养产业发展相关的政府公共管理各个主要部门。可以预见，在确立了生态立省战略的背景下，贵州省委省政府能够意识到贵州独特的地理条件、资源禀赋和生态区位等特征，应该会认识到：选取大康养这样的生态引领型产业，一定是契合贵州省情，实现贵州经济结构转型，推动全省跨越发展，从而冲出经济洼地、发展洼地的重要路径。政府管理机构和相关职能的优化调整，包括配置康养产业发展专职干部，培养大量的康养产业各类人才，这无疑是必要的基础和保证力量。这就需要水资源管理、土地资源管理、食品药品监督管理、服装行业管理、住房建设、交通建设、公共卫生管理、中医药管理，以及文化、旅游和发展改革部门；此外，还应包括与发展大康养产业相关的教育行政管理、科技管理，以及培养大康养产业人才的学校体系等各领域，加快行动起来，搭建涵盖专业管理机构和部门、相应的管理人员、必要的资金和切实有效的政策的公共管理体制。成立一个省委省政府领导挂帅、发改委具体牵头、各相关政府部门积极参与的大康养产业发展委员会，无疑也是必要的先导性制度安排。积极发展大康养产业，努力构建促进贵州生态引领、绿色崛起赶超的大康养体系，是走进生态文明新时代贵州科学发展的一个大课题，我们相信贵州会在新征程中交出满意的答卷。

4. 大康养社区建设的政府公共管理体制建设问题

住区，顾名思义，就是居民居住的小区，或居住区域。消费康养物品的一些居民，当然也就集聚在特定的居住区域内，因而，相关的康养社区建设，就成为一个重要问题。

此前，住房城乡建设部授牌建设大康养社区的工作，已经启动。就贵州而言，大康养产业的蓬勃发展，必然带来省内外乃至国外来黔的大康养居民数量激增，如何建设好大康养社区的问题自然而然地摆在了我们面前。

为此，我们需要住宅和土地等行政管理机构并建设生态康养型住宅。借鉴美国"太阳城"康养住宅开发的经验，可以通过招投标等合法程序，选择技术力量雄厚、建造经验丰富、资金实力强、富有社会责任感、信誉好等资质品牌佳的住宅开发企业，进军贵州各州市和县区的康养住宅。在康养住宅的层数限制方面，应该合理规划低层的独栋、半独立别墅，以及低层、多层的联排别墅和住宅楼的建设比例，满足不同经济实力和各年龄段人群的多层次消费需求。与日本、瑞士等国家人口密度、地理条件和住宅层数相比，贵州有条件构建上述层数结构合理的高品位康养型住宅，以规避"高层化"康养住宅诸多负效应，并打出合理价格下的比较优势牌①。当然，在土地产权和融投资方面，贵州国土资源管理部门可以和金融机构一起，推出特色小城镇和乡村土地金融改革政策，在保证基本农田、守住农耕地红线的基础上，率先进行富余农地和小城镇土地的产权转让、融投资市场化的改革，以土地金融为新抓手，创造新财富，并为减缓政府财政负担激发融投资新动能、新活力，从而夯实大康养住宅乃至大康养产业发展的财力基础。

综上所述，我们先对与大康养体系建设相关的基本概念的含义进行了简要分析，接着，围绕康养需求人群的基本需求元素，确定相关

---

① 马先标：《解读中国房改》，清华大学出版社，2017。

联的政府公共管理部门，进而构建有利于大康养体系发展的相关政府公共管理体制，这就为发展贵州大康养产业、建设贵州省国家生态文明试验区，提供了有效的制度动力。毋庸置疑，这些体制的构建，对整个贵州省守住两条底线，建设两座山，收获两个效益，真正走出一条百姓福、生态美的健康型脱贫之路，意义重大。

大康养产业发展和有机体系的创建，是新时代新征程中的一个具有开拓性的大课题，没有现成的经验和模式可以照搬。但是，任何一项正确的行动都需要遵循和重视理念的深层性指导力量、深层性推动力量。如此看来，一些与发展大康养产业相关的发展理念，也是我们不能忽视的。例如，"发展大康养生态型产业，服务贵州经济社会持续健康发展"，以及"将发展大康养生态型产业与大数据、大旅游发展紧密融合，推动贵州就地城镇化与全面脱贫，进而服务贵州奔小健康"等新型理念。

积极发展大康养产业，彰显了生态资源价值多元性的有效利用、科学利用，是契合贵州历史地理、区位状况和生态脆弱现状的，是符合贵州民族文化底蕴深厚、旅游资源丰富多彩和经济社会发展现况的，也是与经济新常态下中国经济社会走可持续的科学发展道路乃至全球生态环境保护共识已经形成的大背景相吻合的。大力创新有利于发展大康养产业的政府公共管理体制，设置政府管理机构，加大人员调配、装备和办公条件、财力和专业工作人员支持力度，以及发展由大康养引擎带动的生态文明建设相关学科、培养大量的专业性大康养人才队伍，是保障和促进贵州生态文明试验区建设和总体的生态环境保护事业取得成功的重要抓手、战略性引擎和战略性载体，必将为全省生产发展、生活富裕、生态良好，进而加快推动全省精准脱贫奔小康，注入源源不断的强有力的新动能。

参考文献

《贵州国家生态文明试验区建设实施方案》。

《健康中国 2020 战略》。

《关于设立统一规范的国家生态文明试验区的意见》及《国家生态文明试验区
（福建）实施方案》。

中共中央文献研究室编《习近平关于社会主义生态文明建设论述摘编》，中央文献
出版社，2017。

《"十三五"旅游业发展规划》。

贵州省各厅局、有关市县关于生态文明建设助推脱贫攻坚的情况报告。

《中国分省系列地图册——贵州》，中国地图出版社，2016。

贝恩德·埃贝勒：《健康产业的商机》，王宇芳译，中国人民大学出版社，2010。

潘家华、吴大华：《生态引领绿色赶超》，社会科学文献出版社，2015。

鞠美庭、盛连喜主编《产业生态学》，高等教育出版社，2008。

马先标：《解读中国房改》，清华大学出版社，2017。

中共贵州省委教育工作委员会、贵州省教育厅组编《贵州省情教程》，清华大学出
版社，2015。

埃里克·弗鲁博顿、鲁道夫·芮切特：《新制度经济学：一个交易费用分析范式》，
上海三联书店、上海人民出版社，2006。

R. 科斯、A. 阿尔钦、D. 诺斯：《财产权利与制度变迁》，上海三联书店，2004。

第八章

立足大康养，增强
生态文明法治建设

一 法制对立足大康养，增强生态文明建设的重要性

随着社会文明进步，人们对生态环境和身体健康越来越重视，近年来，依托于良好生态的康养这一新兴产业正在持续走强，已成为世界上最大和增长最快的优势产业之一，为绿色发展注入了新动能。生态文明建设是中国特色社会主义事业的重要内容，关系人民福祉，关乎民族未来，事关"两个一百年"奋斗目标和中华民族伟大复兴中国梦的实现。党中央、国务院高度重视生态文明建设，先后出台了一系列重大决策部署，推动生态文明建设取得了重大进展和积极成效。2012 年 11 月，党的十八大从新的历史起点出发，做出"大力推进生态文明建设"的战略决策，明确提出必须建立系统完整的生态文明制度体系，用制度保护生态环境。2017 年 10 月 2 日，中办国办印发《国家生态文明试验区（贵州）实施方案》，要求深入贯彻落实习近平总书记和李克强总理的重要指示批示精神，探索一批可复制可推广的生态文明重大制度成果；培育发展绿色经济，形成体现生态环境价值、增加生态产品绿色产品供给的制度体系；推进山地旅游业与生态农业、林业、康养业融合发展。2017 年 11 月，习近平同志在党的十九大报告中提出要"实施健康中国战略"，强调"积极应对人口老龄化，构建养老、孝老、敬老政策体系和社会环境，推进医养结合，加快老龄事业和产业发展"，"加快生态文明体制改革，建设美丽中国，要推进绿色发展，加快建立绿色生产和消费的法律制度和政策导向"。产业发展需要制度作为保障，在制度体系中，法律制度又是最成熟最定型的一种制度

形式，法律是文明的产物，同时又是维系文明和促进文明的一种手段。在立足大康养，加强生态文明建设的进程中，必须重视法制。

（一）法制是立足大康养，增强生态文明建设的必然要求

面对资源约束趋紧、环境污染严重、人类健康受损、生态系统退化的严峻形势，人们对于资源与环境的危急现状已有普遍的认同，但是为追求高额的经济利润，没有人愿意轻易放弃对自然资源的掠夺和污染环境的行为。这是制度建设尤其是法制建设的滞后导致的。邓小平说过，制度好可以使坏人无法任意横行，制度不好可以使好人无法充分做好事，甚至会走向反面。工业文明三百年的飞速发展给人类带来了诸如气候变暖、水土污染、草场退化和土地沙化加快、生物多样性锐减、人类健康面临巨大威胁等严重的全球性环境问题，严重制约了我国经济社会发展，直接影响了人类社会的进步。树立尊重自然、顺应自然、保护自然的生态文明理念，走可持续发展道路，必须通过法制去规范人的行为。解决中国生态环境问题，使人们获得身心健康的外部环境，必须依靠法制；建设社会主义生态文明，发展大康养，必须把法制建设纳入其建设规划之中。

（二）法制是立足大康养，增强生态文明建设的有力保障

在立足大康养，增强生态文明建设中，政策的不稳定会阻碍生态文明建设工作的持续有序推进。法律是由国家制定或认可的，靠国家强制力保证实施，对全体社会成员具有普遍约束力的特殊行为规范，法律也是一种特殊的社会规则，违反法律会依法受到强制矫正，违法行为必须承担相应的法律后果，其具有长期稳定性、权威性和强制性的特征。发展大康养，建设生态文明需要法制提供有力保障。法制可以使政策法律化制度化，保障各方面政策更加成熟更加稳定，使政策

不因领导人的改变而改变，不因领导人的意志和注意力的改变而改变，从而使政策长期稳定地发挥作用。同时，法制以国家强制力作为后盾保障，其权威性有助于克服有令不行、有禁不止的问题，实现大康养持续发展、生态文明建设的持续推进。法制的权威和强制以严格执法和公正司法作为有力手段，以责任追究作为实现形式，一旦有破坏生态文明、危及人们健康的违法行为发生，必将受到法律的严厉制裁，必将依法承担相应的法律责任。

（三）法制是立足大康养，维护生态文明秩序的基本途径

法律以权利、义务、权力、职责为主要内容，是维护社会秩序的基本途径。大康养的环境、良好的生态文明秩序需要公众的参与、对政府环境责任的规制和环境司法的完善。公众参与环保是法律赋予公民的权利，政府和有关部门有义务来回应和保护。法律作为权利义务关系的规范体系，可通过其规范、指引、预测和评价作用，唤起公众对生态文明保护意识的觉醒，培养公众的环境法治意识；可以通过对政府环境行为和环境责任的规定，在监督管理、资金投入、项目整治上形成合力，提高生态环境保护效率；可以通过法制中环境损害赔偿的相关规定、有效的环境纠纷处理机制来鼓励公众通过法律的手段保护自身权利，与污染和破坏环境者做斗争，维护环境纠纷案件处理的公正性，从而建立和维护良好的生态文明秩序，这样才能在发展中保护环境，科学合理地利用资源，维护健康，才能为社会发展获得更多的资源，为经济发展提供环境保障和自然资源支撑。

二 贵州省立足大康养，增强生态文明法治建设的制度基础

从全球看，大康养产业发展的模式主要有：健康产业集群（健康

城)、传统药业延伸、旅游合作、商业地产合作、政府合作、电子商务、医养结合、社区综合健康服务、医疗不动产、健康服务组织模式等。其中,大数据与健康产业相结合已成为当前大健康产业的一个主要发展方向。目前,我国康养产业的发展尚处于探索阶段,当前的热点主要包括:健康管理、养老产业、商业医保、在线医疗、智慧医疗、医疗美容、养生旅游、康复医疗、基因测序、医药电商等方面。面对激烈的国内外市场竞争,贵州省要做好大康养产业,必须结合自身的优势,走扬长避短之路。由于康养产业对生态环境的要求很高,而贵州省良好的生态环境有利于发展大康养产业。加之贵州省生态文明法治建设工作一直走在全国前列,其立法、执法与司法工作都取得了显著的成效,也为贵州近年来以生态文明建设为契机推进大康养产业的发展提供了良好的制度基础。

(一)已有的法律法规为立足大康养增强生态文明法治建设提供了制度保障

1. 立足大康养,增强生态文明法治的相关法律依据

大康养产业,是经济系统中提供预防、诊断、治疗、康复和缓和性医疗商品以及服务的部门的总称,涉及医药产品、保健用品、营养食品、医疗器械、休闲健身、健康管理、健康咨询等多个与人类健康紧密相关的生产和服务领域。其涉及领域广泛,但是基本可以为相关领域找到法律依据,主要有:《中华人民共和国环境保护法》《中华人民共和国水法》《中华人民共和国森林法》《中华人民共和国旅游法》《中华人民共和国城乡规划法》《中华人民共和国土地管理法》《中华人民共和国农业法》《中华人民共和国野生动物保护法》《中华人民共和国水土保持法》《中华人民共和国水污染防治法》《中华人民共和国固体废物污染环境防治法》《中华人民共和国环境噪声污染防治法》

《中华人民共和国食品安全法》《中华人民共和国执业医师法》《中华人民共和国药品管理法》等。

2. 立足大康养，增强生态文明法治的相关行政法规及其他规范性文件

目前，与大康养相关的行政法规及其他规范性文件有：《医疗美容服务管理办法》《医疗机构管理条例》《医疗事故处理条例》《医疗器械监督管理条例》《突发性公共卫生事件应急条例》《风景名胜区条例》《地质灾害防治条例》《风景名胜区规划规范》《旅游规划通则》《旅游景区质量等级的划分与评定》《旅游资源分类、调查与评价》《旅游度假区等级划分》《国家生态旅游示范区建设与运营规范》《休闲露营地建设与服务规范》。在立足大康养，增强生态文明法治建设过程中，已有的法律法规为贵州在大康养方面的地方立法、执法与司法提供了制度保障，基本形成有法可依、执法有据、违法必究的法治氛围。

（二）地方生态立法为贵州立足大康养增强生态文明法治建设奠定良好的基础

1. 贵州紧随国家立法，及时开启生态保护地方立法新篇章

1979 年 9 月，我国《环境保护法（试行）》原则通过以后，贵州省人民代表大会常务委员会第四次会议于 1980 年 5 月也原则通过《贵州省奖励"三废"综合利用和排放"三废"收费、罚款暂行办法》，这是中华人民共和国成立后贵州省人大常委会制定的第一部关于环境保护和生态建设的地方性法规，与国家环保立法仅时隔半年，其开辟了贵州省环境保护和生态建设立法的新时代，标志着《环境保护法（试行）》相关规定在贵州省的具体化，及时谱写了贵州省环境保护地方立法的新篇章。之后，贵州省人大常委会以此为起点，仅在 20 世纪 80 年代就制定了 12 项关于环境保护和生态建设的地方性法规。20 世

纪 80 年代正值改革开放之初，贵州省在"以经济建设为中心"的大背景下能将环境保护立法放在突出位置，充分说明贵州省对于生态建设和环境保护的重视，为贵州省生态文明建设立法工作走在全国前列打下了良好的基础。2009 年 10 月，贵阳市人大常委会审议通过了《贵阳市促进生态文明建设条例》，成为全国第一部促进生态文明建设的地方性法规，开创了全国生态文明建设综合立法之先河。2013 年 2 月 4 日，贵阳市人大常委会又审议通过了《贵阳市建设生态文明城市条例》，成为全国第一部建设生态文明城市专项法规。2014 年 5 月 17 日，贵州省人大常委会审议通过了《贵州省生态文明建设促进条例》，成为全国第一部省级生态文明建设地方性法规。贵州省在生态文明建设综合立法上相继取得的三个第一，将贵州省生态文明建设综合立法进一步引向深入。尤其是《贵州省生态文明建设促进条例》，在贵州省生态文明法治建设的规划体系中具有纲领性、统领性和指导性的地位，被学者誉为贵州省生态文明建设的基本法。

2. 立足生态系统，逐步细化环境资源保护地方立法的内容

生态文明建设是一项系统工程，涉及经济社会发展、人类生产生活以及生态系统的各个方面。30 多年来，贵州省各级立法机关立足于保护生态系统的完整性，将生态环境保护和促进经济社会协调发展有机结合起来，制定了一百多件环境保护和生态建设方面的地方性法规、单行条例。这些地方性法规、单行条例，从所规范的内容上看，基本涵盖了污染防治、自然资源保护管理和利用、节能和资源综合利用、环境保护和生态建设等生态文明建设的各个层面。在污染防治方面，制定了《贵州省夜郎湖水资源环境保护条例》《贵州省红枫湖百花湖水资源环境保护条例》《贵阳市环境噪声污染防治规定》《贵阳市水污染防治规定》《贵阳市大气污染防治办法》等；在自然资源保护管理方面，制定了《贵州省土地管理条例》《贵州省矿产资源条例》

《贵州省实施〈中华人民共和国水法〉办法》《贵州省森林条例》《贵州省义务植树条例》《贵州省林地管理条例》等；在节能和资源综合利用方面，制定了《贵州省节约能源条例》《贵州省气候资源开发利用和保护条例》《贵州省新型墙体材料促进条例》《贵阳市建设循环经济生态城市条例》《贵阳市民用建筑节能条例》等；在生态建设和综合环境保护方面，制定了《贵州省环境保护条例》《贵州省绿化条例》《贵州省风景名胜区条例》《贵州省城市市容和环境卫生管理条例》《贵阳市生态公益林补偿办法》《贵阳市环城林带建设保护办法》等；在流域、区域环境资源保护和生态建设方面，贵州各级立法机关进一步探索了"一河一条例、一湖一法规"的立法模式，制定了一系列流域、区域环境资源保护和生态建设的地方性法规、单行条例。比如，为了保障贵阳市饮用水源安全，制定了《贵州省红枫湖百花湖水资源环境保护条例》《贵阳市阿哈水库水资源环境保护条例》；为了保障安顺市饮用水源安全，制定了《贵州省夜郎湖水资源环境保护条例》；为了保护以国酒茅台为代表的中国优质白酒生产环境安全，制定了《贵州省赤水河流域保护条例》；等等。这些针对流域和区域的专项立法，从流域和区域实际出发，在细化、补充、完善有关法律法规规定的同时，有针对性地创设了若干制度和措施，有效解决了流域、区域环境资源保护和生态建设中存在的突出问题。除此之外，其他地方性法规、单行条例，也规定了涉及环境保护和生态建设的相关内容，各民族自治地方自治条例对于环境资源保护也做了相应规定。

（三）中央和地方一系列政策的出台为立足大康养增强生态文明法治建设提供了具体措施

1. 国家层面出台的一系列政策规划

随着环境恶化、人口增长和老龄化等客观条件的影响，以及国民健康意识提高等主观因素的作用，大健康产业在中国的需求强烈、前景广阔。2013 年 9 月，国务院印发《国务院关于加快发展养老服务业的若干意见》，要求从国情出发，把不断满足老年人日益增长的养老服务需求作为出发点和落脚点，充分发挥政府作用，通过简政放权，创新体制机制，激发社会活力，充分发挥社会力量的主体作用，健全养老服务体系，满足多样化养老服务需求，努力使养老服务业成为积极应对人口老龄化、保障和改善民生的重要举措，成为扩大内需、增加就业、促进服务业发展、推动经济转型升级的重要力量。

2013 年 10 月 14 日，国务院出台《关于促进健康服务业发展的若干意见》，该意见指出：要广泛动员社会力量，多措并举发展健康服务业。健康服务业以维护和促进人民群众身心健康为目标，主要包括医疗服务、健康管理与促进、健康保险以及相关服务，涉及药品、医疗器械、保健用品、保健食品、健身产品等支撑产业，覆盖面广，产业链长。加快发展健康服务业，是深化医改、改善民生、提升全民健康素质的必然要求，是进一步扩大内需、促进就业、转变经济发展方式的重要举措，对稳增长、调结构、促改革、惠民生、全面建成小康社会具有重要意义。大健康产业随之上升为国家战略，在之后的党的十八届三中全会《关于全面深化改革若干重大问题的决定》中，"深化医药卫生体制改革"是很关键的一项，这些直接牵动着我国大健康产业的发展，是大健康产业未来发展的蓝图。

2015 年 3 月，国务院办公厅印发《全国医疗卫生服务体系规划纲要（2015~2020 年）》，彰显国家优化医疗资源供给分布，全面促进分级诊疗、医养结合、医疗主体融通的决心。在 2015 年的政府工作报告中，李克强总理提出要大力发展健康产业，并首次提出"健康中国"概念。"健康是群众的基本需求，我们要不断提高医疗卫生水平，打造健康中国。"

2015 年 11 月 11 日，李克强主持召开国务院常务会议指出，推进医疗卫生与养老服务相结合，一是促进医养融合对接。医疗机构为养老机构开通预约就诊绿色通道，养老机构内设的医疗机构可作为医院康复护理场所。二是鼓励社会力量兴办医养结合机构。三是加大投融资、用地等支持。会议决定，在全国每个省份至少选择一个地区开展医养结合试点示范。

2015 年 11 月 18 日，国务院办公厅转发卫生计生委、民政部、发展改革委、财政部、人力资源和社会保障部、国土资源部、住房城乡建设部、全国老龄办、中医药局《关于推进医疗卫生与养老服务相结合的指导意见》，全面部署进一步推进医疗卫生与养老服务相结合，满足人民群众多层次、多样化的健康养老服务需求。该意见提出，到 2020 年，符合国情的医养结合体制机制和政策法规体系基本建立，医疗卫生和养老服务资源实现有序共享，覆盖城乡、规模适宜、功能合理、综合连续的医养结合服务网络基本形成，基层医疗卫生机构为居家老年人提供上门服务的能力明显提升。所有医疗机构开设为老年人提供挂号、就医等便利服务的绿色通道，所有养老机构能够以不同形式为入住的老年人提供医疗卫生服务，基本适应老年人健康养老服务需求。

2016 年 3 月 4 日，国务院办公厅印发《国务院办公厅关于促进医药产业健康发展的指导意见》。该意见提出要全面贯彻党的十八大和十八届三中、四中、五中全会精神，按照党中央、国务院决策部署，牢固树立并切实贯彻创新、协调、绿色、开放、共享的发展理念，主动迎接新一轮产业变革；要坚持产业集聚、绿色发展。推动化学原料药向环境承载能力强、生产配套条件好的园区集聚。引导中药、民族药企业种植（养殖）、加工一体化。推行企业循环式生产、产业循环式组合、园区循环式改造，促进医药产业绿色改造升级和绿色安全发展。

2017 年 2 月 5 日，《中共中央、国务院关于深入推进农业供给侧结构性改革加快培育农业农村发展新动能的若干意见》（暨2017年中央1号文件）发布。值得一提的是文件对发展农村康养事业做了浓墨重彩的描述。中央农村工作领导小组副组长、中央农办主任、中央财办副主任唐仁健接受专访时说：当前休闲农业、乡村旅游、乡村养老等新产业新业态用地需求旺盛。因此，文件提出允许通过村庄整治、宅基地整理等节约的建设用地采取入股、联营等方式，重点支持乡村休闲旅游养老等产业和农村三产融合发展。支持：利用"旅游＋""生态＋"等模式，推进农业、林业与旅游、教育、文化、康养等产业深度融合；特色村镇＋养老及健全农村老人、残疾人关爱服务体系。

2. 贵州省出台的一系列政策规划

贵州省近来大力发展大健康医药产业，2012年，国发2号文件中明确要求贵州省"积极推进中药现代化，大力发展中成药和民族药"。贵州省政府于2014年8月出台了《关于加快推进新医药产业发展的指导意见》和《贵州省新医药产业发展规划（2014～2017年）》两个文件，提出了贵州省大健康医药产业发展的目标、时间表和路线图，吹响贵州加快推进产业转型升级、抢占大健康医药产业发展制高点的冲锋号。2014年7月，贵州省委省政府印发《中共贵州省委贵州省人民政府关于支持贵阳市加快旅游业发展的意见》，提出全力打造"爽爽贵阳·中国避暑之都"国际旅游品牌，大力支持贵阳市利用生态、气候优势，差异化、个性化发展漂流、森林、体育、养生、养老、康体等避暑休闲度假旅游产品。2014年12月13日，贵州成立大健康产业联盟，汇聚各路专家对贵州大健康产业发展的思路、方向、动作方面进行了探讨。

2015年2月，贵州省人民政府印发《贵州省人民政府关于支持健康养生产业发展若干政策措施的意见》《贵州省健康养生产业发展规划（2015～2020年）》的通知（黔府发〔2015〕8号），其中，《意见》鼓励社会资本投资健康养生产业。鼓励各地采取PPP模式吸引社会资本建设医疗、养老、体育健身、康复等设施。各地在编制城市总体规划、控制性详细规划以及有关专项规划时，要统筹规划、科学布局医疗、养老、体育健身、康复等设施。各级政府要扩大医疗、养老、体育健身、康复等政府购买服务范围，公布采购目录，鼓励各种社会力量平等参与；支持健康养生产业示范基地建设。建立健康养生产业示范基地认证制度，每年认定一批在发展业态、发展规模等方面具备良好条件和市场潜力的健康养生产业示范基地，实行动态管理。对健康养生产业示范基地在资金、项目用地、建设程序、运营管理等方面给予重点培育和扶持。同年，贵州省人民政府办公厅印发《贵州省大健康医药产业发展六项实施计划》《省人民政府办公厅关于印发贵州省医药产业、健康养生产业发展任务清单的通知》（黔府办函〔2015〕40号），要求落实好国家和省关于大健康医药产业发展的税费、土地、价格等支持政策。2015年8月31日，首届贵州大健康医药产业发展大会在贵州省凯里市召开，时任省委书记、省长陈敏尔指出，发展大健康医药产业是贵州省委省政府坚定不移的战略选择，是守住生态和发展两条底线，奋力后发赶超、培植后发优势的重要路径，要求构建以"医、养、健、管"为支撑的大健康医药全产业链。2015年8月，贵阳市人民政府印发《贵阳市人民政府关于支持乌当区建设贵州省大健康医药产业引领示范区若干政策的意见》（筑府发〔2015〕32号），支持"示范区"大健康医药产业领域内企业进行产品研发和创新。

2016年11月，贵州省人民政府办公厅印发《省人民政府办公厅关于支持贵阳市大健康医药产业加快发展的意见》（黔府办发〔2016〕45号），支持贵阳市以改革创新为动力，推动大健康与大数据、大生态、大旅游融合创新发展，促进大健康产业技术创新、业态创新、模式创新和体制机制创新，加快把贵阳市建设成为全省大健康医药产业创新引领示范区。支持贵阳市建设生态康养旅游示范区。整合提升健康养生与生态旅游资源，推动医疗、养生、养老、旅游嫁接融合，支持贵阳市开发生态文化体验、避暑度假、温泉养生、高端精品农业休闲观光等各类健康养生旅游新业态、新产品。加快推进花溪青岩特色优势健康休闲养生集聚区、乌当温泉健康养生及花卉休闲观光度假集聚区、清镇康体运动休闲养生集聚区等集聚区建设，支持贵阳市规划建设一批集"游、医、养、学"为一体的综合性健康旅游休闲养生示范基地，大力研制和生产具有自主特色品牌的健康养生、生态绿色、营养保健等健康产品（食品），推进区域性健康旅游区建设，打造全国有吸引力的生态康养旅游基地。2016 年 11 月 28 日，贵州省大健康医药产业发展领导小组印发《贵州省大健康产业六大示范创建工程实施方案》，明确实施大健康产业集聚发展、大健康产业创新发展、大健康与大数据融合发展、大健康与大生态大旅游融合发展、以苗医药为主的民族医药发展、大健康产业扶贫六大示范创建工程，着力推进大健康与大数据、大生态、大旅游、大扶贫深度融合，促进大健康产业技术创新、业态创新、模式创新和体制机制创新，推动大健康产业转型升级提质增效发展。同年贵阳市出台《中共贵阳市委贵阳市人民政府关于打造世界旅游名城实施意见》。

2017 年 3 月，乌当区委办公室、乌当区人民政府办公室关于印发《乌当区大健康产业发展五年行动计划（2016～2020 年）》的通知，要求乌当区按照"一年出框架、三年见成效、五年成引领"的要求，围绕"医、养、健、管、游、食"六大领域，重点实施十大攻坚行动，通过不懈努力，构建集健康医药、健康医疗、健康养生、健康养老、健康药食材和健康运动为一体的大健康产业体系，将乌当建设成为全省医药产业发展最集聚、创新创业体系最完善、生态环保最凸显、平台建设最健全的大健康产业发展引领示范区。2017 年 4 月 1 日，贵阳市在结合实际，认真调研、充分论证的基础上，申报在贵阳市设立国家健康医疗大数据中心及产业园，贵阳市人民政府发布《关于在贵阳市设立国家健康医疗大数据中心及产业园的报告》。2017 年 7 月，《遵义桃花国际健康旅游示范基地总体规划（2017～2030 年）》发布。2017 年 12月 1 日，为将贵阳市打造成公平共享创新型中心城市和以生态为特色的世界旅游名城，贵阳市委办公厅、贵阳市人民政府办公厅印发《贵阳市"爽爽贵阳富美乡村"建设行动计划（2018－2020 年)》的通知。

三 贵州省通过生态环境领域的严格执法、探索创新司法，为发展大康养提供良好的法治环境

（一）执法方面：强化监督与区域联动，完善考核严格执法

1. 严格执法，不断强化生态环保监管工作

贵州省发展大康养离不开好的生态环境，而良好的生态环境需要严格的执法才能够可持续发展。《国家生态文明试验区（贵州）实施方案》明确指出：完善生态环境保护行政执法体制；探索建立严格监管所有污染物排放的环境保护管理制度。一直以来，贵州在生态环境执法方面尤其注重环境保护监管执法工作。2015 年 7 月，为解决在全省环境监管执法工作中存在的突出问题，省政府出台《贵州省人民政府办公厅关于进一步加强环境监管执法工作的通知》，对加快推动执法监管全覆盖、严厉打击各类环境违法行为、严格规范环境保护执法行为、明确环境保护职责以及提升环境监管执法能力五个方面做出了重要部署。2016 年，贵州省启动了环保执法"风暴"专项行动，对全省"黑废水""黑烟囱""黑废渣""黑废油""黑数据""黑名单"进行全面治理。2017 年 3 月底，贵州省环保厅印发《关于火电、造纸行业申领新排污许可证的通知》，全面启动全省燃煤火电、生物质发

电和造纸企业的控制污染物排放许可证申请与核发工作。2017 年 6 月，贵州省政府办公厅印发了《贵州省控制污染物排放许可制实施方案》，进一步解决了控制污染物排放许可制与相关环境管理制度有机融合的问题。此外，贵州在 2017 年 12 月 31 日前推动完成《贵州省大气污染防治行动计划实施方案》和《贵州省水污染防治行动计划工作方案》确定的重点行业以及产能过剩行业固定源的控制污染物排放许可证申请与核发工作，完成所有固定源的控制污染物排放许可证申请与核发工作。在完善环境保护督察制度方面：2016 年 8 月，贵州省委办公厅印发了《贵州省环境保护督察方案（试行）》，2017 年 5 月，贵州省认真梳理总结配合中央环保督察组进驻贵州在督察期间的基本做法，形成了《贵州省加强环境保护督察机制建设的八条意见》，在全省认真贯彻执行。

2. 推进跨区域、跨流域水环境联合执法、交叉执法

贵州省位于长江、珠江上游，出境断面水体水质直接关系长江、珠江水环境质量的好坏，环境保护监督管理责任重大。《国家生态文明试验区（贵州）实施方案》指出：探索开展按流域设置环境监管和行政执法机构试点工作，实施跨区域、跨流域环境联合执法、交叉执法。其实，早在 2011 年，贵州与云南、广西在环保部西南督查中心的组织下开启了万峰湖联合联动执法工作，并签订了《万峰湖库区水环境保护协调备忘录》，开启了跨区域联合联动执法工作的先例。现万峰湖库区水质恶化的态势得到了彻底扭转，其出入境断面水质长期稳定在Ⅲ类水体以上。2013 年 6 月 21 日，贵州、云南、四川三省签订了《川滇黔三省交界区域环境联合执法协议》，自 2014 起每年三省组成联合执法检查组开展跨区域合作联合执法检查，现赤水河流域水体污染负荷进一步减轻，毕节清池与赤水河鲢鱼溪（贵州、四川交界）断面水质稳定达到Ⅱ类及以上；茅台、两河口断面水质达到Ⅲ类水质标准；其中 COD 均达Ⅰ类标准。此外，贵州省还与湖南、重庆签订了

《共同预防和处置突发环境事件框架协议》，与云南、四川就赤水河环境保护工作签订了《赤水河流域合作框架协议》，与广西就万峰湖环境保护工作签订了《黔桂两省区跨界河流水污染联防联治协作框架协议》。贵州省9个市、州也互相与相邻市、州就环境执法联合联动签订了《区域环境联合执法协议》，为处理污染纠纷、促进跨界地区经济社会可持续发展起到极大的推动作用。

3. 创建绿色绩效评价考核机制

绿色绩效评价考核制度是《国家生态文明试验区（贵州）实施方案》中明确要求实施的重要内容。2017年4月，贵州省人民政府颁布了《贵州省生态文明建设目标评价考核办法（试行）》，其中"绿色发展指数"包含的6个方面共49项统计指标在四项考核中最重要、权重最高，是评价领导干部政绩、年度考核和选拔任用的重要依据之一。在开展自然资源资产负债表编制、领导干部自然资源资产离任审计和责任追究制方面，2014年贵州省率先在全国组织完成赤水市、荔波县自然资源资产离任审计试点工作，是全国地方审计机关中唯一率先完成审计项目的地方。2015年4月，贵州省审计厅在此成果基础上，出台了《贵州省自然资源资产责任审计工作指导意见》，随后又组织开展了6个区县自然资源资产离任审计扩大试点工作。截至2015年11月9日，贵州通过开展领导干部自然资源资产离任审计，已向有关部门移送50余起破坏资源和对环境造成危害的违法事项。

（二）司法方面：打破传统模式，适度探索司法机制创新

1. 构建"145"生态环保案件集中审判新格局和"三审合一"审判模式

2007年，贵州省就率先在全国设立了贵阳、清镇环保"两庭"。2014年4月贵州省生态文明建设领导小组批准同意建立贵州省生态保

护民事、行政案件统一集中管辖机制。根据方案，贵州省高级人民法院设立生态保护审判庭，负责指导和规范全省环境审判工作；在4个中院、5个基层人民法院设立生态保护人民法庭和生态保护审判庭，率先在全国构建"145"生态环保案件集中审判格局。其中，贵阳市、安顺市、贵安新区为一个板块，指定清镇市法院集中管辖；遵义市、铜仁市、毕节市（威宁自治县除外）为一个板块，指定仁怀市法院和遵义市播州区法院分别管辖赤水河流域、乌江流域；黔东南州、黔南州为一个板块，指定福泉市法院集中管辖；黔西南州、六盘水市（含威宁自治县）为一个板块，指定普安县法院集中管辖。今后凡是涉及生态环境保护的案件将实行集中审理，运用司法手段保护绿水青山。2014年7月，贵州省出台了《贵州省高级人民法院关于生态环境保护审判庭实行"三审合一"及调整部分案件受案范围的通知》，就生态环境保护审判庭中的环保类案件、资源类民事案件、行政案件以及刑事案件进行了细化和完善。该庭积极开展环境公益诉讼、推行环保案件"三诉合一"专属管辖的办案模式、尝试采信环保专家证言作为定案依据等创新机制为贵州生态文明司法实践打开了新思路。

2. 探索和实践"三三三"生态检察运行模式及恢复性司法实践

2014年以来，贵州省检察院不断探索和实践"三三三"生态检察运行模式，实施打击、防范、保护三措并举，刑事、行政、民事三重保护，司法、行政、公众三方联动，切实将"多彩贵州拒绝污染"落实到行动上，为贵州守底线走新路奔小康贡献检察力量。据统计，2014年1月至2017年6月，全省检察机关共受理审查起诉生态环境犯罪案件3000余件4800余人，立案查办相关职务犯罪910人，立案监督879件，发出并落实"补植复绿"检察建议3500余件，补植树木591万余株，复绿63309亩。同时深入推进检察机关提起民事、行政环境公益诉讼制度，在2015年受理的环境类相关案件中，其中审理的12件资源公益诉讼案件在全国环境资源公益诉讼案件中占据了19.35%的比重。

3. 设立执法司法专门机构，三方联动保护青山绿水

2014年，贵州省作为全国第一家建立了公检法配套的生态环境保护执法司法专门机构，集中管辖处理全省生态环境保护案件，通过内部优化机构、调剂编制，省法院设立生态环境保护审判庭，负责全省生态环境保护案件审理等工作；省检察院设立生态环境保护检察处，负责全省生态环境保护案件的审查逮捕、起诉和相关刑事诉讼监督等工作；省公安厅设立生态环境安全保卫总队，负责全省范围内打击破坏生态环境违法犯罪活动等工作。贵州省高级人民法院、省人民检察院、省公安厅加强协作配合，协调联动执法，有效形成打击合力，三方联动更有力地保护绿水青山，为建设全国生态文明先行示范区提供了有力的法治保障。贵阳市整合市环保局、林业局、园林局、两湖一库管理局，发改委循环办、工信委节能减排办、城管局节水办和精神文明委的生态文明办等"四局四办"职能，于2012年11月27日挂牌成立了生态文明建设委员会，内设21个处室、委属单位35家，共有干部职工2611人，主要承担环境行政执法、林业行政执法和林业刑事案件查处（市森林公安），所属执法单位贵阳市森林公安、贵阳市环境监察支队、贵阳市机动车尾气管理中心等10家，从法律法规或者委托执法的方式实施98项环境保护行政处罚权、81项林业行政处罚权、21项林业刑事案件查处权。

四　贵州省立足大康养，增强生态文明法治建设面临的问题

（一）贵州省在大康养和生态环境地方立法上存在的问题

1. 大康养方面的法规规章不健全、已有的法规规章可操作性较差

徒法不足以自行。法律的生命在于实施。地方性法规、规章存在

的目的是为了进一步落实法律、法规，这就要求地方立法能反映地方实际情况，具有较强的针对性和可操作性。大康养涉及的领域广泛，很多内容缺乏相应的法规规章，导致在发展过程中无据可循。已有的法规如地方立法条款号召性、提倡性、宣示性条款较多，实质性、具体化条款较少。地方立法条款本身表述的含义不清，部分规定过于笼统、抽象、原则，这样的条文一旦进入操作程序就变得模棱两可。

2. 生态方面的某些法律规定相互矛盾

我国现行的生态文明地方立法仍然存在下位法不符合上位法的规定，或同位阶法律规范之间相互冲突的现象。比如，对于未报批环境影响评价文件擅自开工建设的环境违法行为，按照《环境影响评价法》以及《建设项目环境保护管理条例》等法律法规相关规定，应先责令停止建设，限期补办手续，逾期不补办才实施行政处罚，但根据新《环境法》以及《贵州省环境保护条例》等法律法规相关规定，环保部门可以责令其停止建设并直接实施行政处罚，且新《环保法》没有限期补办环评审批手续的规定，这就使得环保部门在实际操作过程中对相同违法行为不同法律法规规定不一致如何运用难以掌握。

3. 地方立法中的问责机制缺乏

在有关大康养涉及领域的事项和生态文明的地方立法中，存在问责机制不明确甚至缺乏的现象。如《贵州省生态文明建设促进条例》（以下简称《条例》）包括规划与建设、保护与治理、保障措施、信息公开与公众参与、监督机制、法律责任等内容。根据该《条例》，县级以上人民政府与开发区、产业园区都有相应的职责规定。但是《条例》只突出了"应当"做什么，却没有不作为时应当承担什么样的责任的相关规定，使《条例》难以落地实施。因此，细化责任，完善地方立法的问责机制也是应当关注的问题。

（二）贵州省生态执法和司法存在的问题

1. 环境执法的地方保护主义仍然比较严重

环保行政执法常常受到一些地方党委、政府的随意非法干涉，一些重大的污染环境和破坏生态的行为得不到追究。权力寻租严重，执法效果不佳，一些地方的环保部门为了解决经费来源问题，以收费和罚款作为主要执法手段，而不以减少和消除污染为目的，致使污染环境的行为得到放纵。部分地方生态环境保护与经济社会发展矛盾突出，县乡基层人民政府片面追求经济发展，忽视生态环境保护工作，环境违法行为不能得到有效遏制，尤其是建设项目环境违法现象在部分地区普遍存在。从近年来贵州省各级环保部门查处的环境违法案件分类上看，其中绝大部分属于建设项目环境违法行为，地方政府在项目招商引资过程中，忽视生态环保，并未及时告知和引导建设单位办理相关环评审批手续，致使部分项目长期存在未批先建或未经环评审批已建成投产等现象。

2. 部分环保部门环境督查执法力量薄弱

基层环境监察执法案件多、任务重，目前绝大部分环境监察执法队伍能力建设、机构编制性质、人员编制等不能满足当地环境执法的工作需要，人员缺乏、机构编制性质、执法人员身份不明确等原因，执法人员无行政执法主体资格等原因，致使新《环保法》规定的查封、扣押等需要环境行政执法人员实施的强制措施，现场环境监察执法人员无法实施。由于执法队伍的硬件设施不能满足当下执法的需要，如工作制服、工作证件、检测仪器等硬件，这些都影响着环境监察执法的权威和成效。

3. 司法机关落实主体责任的能力建设欠缺

司法方面，司法机关在处理生态环境纠纷方面的作用没有得到发挥，生态环境司法的公信力严重不足。环境诉讼中立案难、取证难、胜诉难、执行难的问题较一般民事诉讼更为突出。

五 贵州省立足大康养，增强生态文明法治建设的法律对策

（一）依据《立法法》赋予的权限，启动有关大康养领域事项的立法工作

1. 修改后的《立法法》及贵州在大康养和生态文明方面的立法空间

2015 年 3 月 15 日，十二届全国人大三次会议表决通过关于修改《立法法》决定，新《中华人民共和国立法法》宣告正式颁布。其中将以前仅有的 49 个 "较大的市" 的地方立法权下放给全国 284 个 "设区的市"，是此次《立法法》修订备受关注的亮点之一。贵州省也由仅有的享有地方性法规制定权的 "较大的市" ——贵阳市扩大到设区的市如遵义市等，标志着贵州省生态文明地方性法规立法空间的扩大。2017 年 10 月 2 日，中共中央办公厅、国务院办公厅印发了《国家生态文明试验区（贵州）实施方案》，方案明确了加强生态环境保护地方性立法的要求。

新《立法法》规定："设区的市的人民代表大会及其常务委员会根据本市的具体情况和实际需要，在不同宪法、法律、行政法规和本省、自治区的地方性法规相抵触的前提下，可以对城乡建设与管理、环境保护、历史文化保护等方面的事项制定地方性法规，法律对设区的市制定地方性法规的事项另有规定的，从其规定"，而这三类事项都与大康养的领域相关。因此，贵州省设区的市都享有在大康养领域内涉及这三类事项的地方立法权，只是具体立法工作的开展将由省人大常委会综合考虑本省所辖设区的市人口数量、地域面积等因素，确

定其他设区的市开始制定地方性法规的具体步骤和时间，并报全国人大常委会和国务院备案。

2. 将大康养与生态紧密结合，进一步出台科学的立法规划

贵州的生态环境是贵州发展大康养的天然优势，因此贵州的生态地方立法应与发展大康养相联系，综合考虑贵州省经济、人口、社会状况等实际情况制定科学的立法规划，使其更体现可持续发展，更体现健康与养生的目标。如制定《贵州省环境影响评价条例》《贵州省工业固体废物污染防治条例》等；如关于"划定生态保护红线"，根据贵州省实际情况划定的红线范围与《贵州省生态文明建设促进条例》规定不完全一致。2017年，国家将在全国统一划定生态保护红线，有关部门将按照国家要求，加大与《贵州省生态文明建设促进条例》衔接和向省人大汇报的力度，确保红线准确划定。

3. 继续完善生态文明地方立法，为发展大康养奠定基础

《国家生态文明试验区（贵州）实施方案》也明确要求积极参与全面清理和修订地方性法规、政府规章和规范性文件中不符合绿色经济发展、生态文明建设的内容；修订《贵州省生态文明建设促进条例》《贵州省环境保护条例》，推动《贵州省环境影响评价条例》《水污染防治条例》《世界自然遗产保护管理条例》于2020年前制定出台，推动城市供水和节约用水、城市排水、公共机构节约能源资源以及农村白色垃圾、塑料薄膜、限制性施用化肥农药、畜禽零星（分散）养殖等领域的地方性立法，构建省级绿色法规体系，也为发展大康养奠定基础。此外，贵州省生态立法不仅应重视以单一环境因素为基础的单行法规，还应积极推动系统性综合性的立法，以符合生态系统本身的运行规律。

（二）根据大康养涉及的相关领域制定并落实具体的政策措施

1. 进一步放宽市场准入，培育壮大市场主体

全面实行先照后证工商登记制度，推行工商登记前置审批事项目录化管理，推进"工商、税务、组织机构代码"三证合一，并联审批办理。规范和下放审批权限。逐步依法下放食品生产许可和保健用品审批权限，依法取消食品委托加工需要备案的规定。逐步依法将社会资本办医审批权限下放到县级卫生计生行政部门。对食品、医疗、养老等行业的行政审批事项压缩审批时限。放开非公立医疗机构大型医用设备购置。探索逐步减少对非公立医疗机构购置大型医用设备的限制。鼓励社会资本投资健康养生产业。依法引导保健食品、绿色食品、保健用品、无公害农产品行业龙头企业、优强企业围绕产业链延伸拓展，开展跨地区、跨行业、跨所有制的兼并重组。

2. 建立绿色食品和养生产业的认证规范和标准化规范体系

引导和鼓励食品企业开展 ISO9000 质量体系认证、有机食品认证、绿色食品认证、无公害农产品认证和建立 HACCP（危害分析和关键控制点）质量安全体系，推广食品行业良好作业规范。支持优强健康养生产业企业联合行业协会、专业研究机构制定具有贵州省特色的养生行业地方标准。选择优强企业示范基地开展养生服务标准化试点示范工作。鼓励企业应用国际和国家通用标准，提高养生产业的标准化程度。制定出台地方养老地产标准和设计规范，对符合条件的养老地产项目，合理确定、适当放宽有关规划指标。

3. 加强知识产权保护

增强企业的品牌与知识产权保护意识，倡导在产品创新全过程实行专利保护，推行主渠道营销配送，改进防伪技术，建立市场监控体系等，加强品牌与知识产权保护。在条件具备的地方和目标市场，推

进品牌产品专柜和专业市场建设。

4. 落实税收价格优惠

进一步落实健康养生产业企业依法享有《关于深入实施西部大开发战略有关税收政策问题的通知》（财税〔2011〕58号）等文件规定的相关税收优惠。非公立医疗机构用水、用气与公立医疗机构同价。养老服务机构提供养老服务的用水、用气、生活用电按居民生活类价格执行。对温泉行业水资源费按一般工商业用水标准收取。其他养生服务机构用水、用气实行与工业同价。全面清理涉及健康养生产业的收费项目，取消不合法、不合理收费。

5. 加强用地保障

做好健康养生产业发展与土地利用总体规划、城乡规划的联动协调，对列入健康养生产业发展规划的重点园区和重大项目，优先安排土地指标，并优先在城乡规划中落实用地布局。对投资额3000万美元或5亿元人民币以上的项目，由省级切块下达年度计划指标，各市（州）和贵安新区统筹优先保障建设用地计划指标，实行"点供"。支持利用以划拨方式取得的存量房产和原有土地兴办健康养生产业，土地用途和使用权人可暂不变更。连续经营1年以上、符合划拨用地目录的健康养生产业项目可按划拨土地办理用地手续；不符合划拨用地目录的，可采取协议出让方式办理用地手续。

6. 完善诚信监管机制

加快推进社会信用体系建设，引导健康养生产业企业及其从业人员自觉开展诚信生产服务。建立健全不良执业记录制度、失信惩戒以及强制退出机制，将健康养生产业企业及其从业人员诚信经营和执业情况纳入统一信用信息平台进行管理，实行诚信"黑名单"制度，定期向社会发布。加强对健康养生产业企业的监管和执法力度，依法打击知识产权侵权行为、假冒伪劣产品，规范保健食品、保健用品、医疗机构等方面广告和相关信息发布，严厉打击虚假宣传和不实报道，依法规范健康养生服务机构从业行为。

7. 建立相对完善的生态环境损害赔偿制度

围绕《实施方案》的要求，开展生态环境损害赔偿制度改革试点，明确生态环境损害赔偿范围、责任主体、索赔主体和损害赔偿解决途径等，探索建立完善生态环境损害担责、追责体制机制，探索建立与生态环境赔偿制度相配套的司法诉讼机制，2018 年全面试行生态环境损害赔偿制度，2020 年初步构建起责任明确、途径畅通、机制完善、公开透明的生态环境损害赔偿制度。

8. 推进绿色绩效考核机制

主要从以下几个方面展开：建立绿色评价考核制度。加强生态文明统计能力建设，加快推进能源、矿产资源、水、大气、森林、草地、湿地等统计监测核算；开展自然资源资产负债表编制。在六盘水市、赤水市、荔波县开展自然资源资产负债表编制试点，探索构建水、土地、林木等资源资产负债核算方法。2018 年编制全省自然资源资产负债表；开展领导干部自然资源资产离任审计。扩大审计试点范围，探索审计办法，2018 年建立经常性审计制度，全面开展领导干部自然资源资产离任审计。加强审计结果应用，将自然资源资产离任审计结果作为领导干部考核的重要依据；完善环境保护督察制度。强化环保督政，建立定期与不定期相结合的环境保护督察机制，2017 年起每两年对全省 9 个市（州）、贵安新区、省直管县当地政府及环保责任部门开展环境保护督察，对存在突出环境问题的地区，不定期开展专项督察，实现通报、约谈常态化；完善生态文明建设责任追究制。实行党委和政府领导班子成员生态文明建设一岗双责制。建立领导干部任期生态文明建设责任制，按照谁决策、谁负责和谁监管、谁负责的原则，落实责任主体，对领导干部离任后出现重大生态环境损害并认定其需要承担责任的，实行终身追责。

9. 健全人力资源保障机制

加大人才培养和职业培训力度，支持高等院校和中等职业学校开设健康服务业相关学科专业，引导有关高校合理确定相关专业人才培养规模。鼓励社会资本举办职业院校，规范并加快培养护士、养老护理员、药剂师、营养师、育婴师、按摩师、康复治疗师、健康管理师、健身教练、社会体育指导员等从业人员。对参加相关职业培训和职业技能鉴定的人员，符合条件的按规定给予补贴。建立健全健康服务业从业人员继续教育制度。各地要把发展健康服务业与落实各项就业创业扶持政策紧密结合起来，充分发挥健康服务业吸纳就业的作用。

六 适当借鉴国外生态法治的有益经验

1. 加强环境保护相关法律的宣传教育和人员培训，提高全社会的法制观念

在美国，早在1970年就制定了《环境教育法》，联邦政府教育署还设置了环境教育司。瑞典通过教育入手培养全民节约资源保护环境的意识，瑞典《义务教育学校大纲》中超过半数课程涉及对环境与可持续发展教育的要求。同时，每年都要开展大型宣传活动来强化国民的生态环境意识。日本运用教育手段与宣传手段相结合的方式大力倡导生态文明建设，提高国民的环保意识，这是日本政府生态文明建设的又一有效途径。日本政府、企业、民间团体共同推进不同年龄层的民众在学校、社区、家庭、单位等多个地方进行环境教育和学习，时常关注环境政策的动向，保证各个环境组织的行政负责人员具有环保资质，并在其中推行环境研修，不断丰富其环境保护宣传方式：利用各种媒体进行环保宣传活动，包括制作和分发宣传环保知识的宣传

单，开设绿色购物网（GPN）提供商品的环保信息等。

2. 强化国家环境监督管理体制的建设，发挥政府的表率作用

在日本，根据其《绿色采购法》的规定，政府的各级机关必须购买环境友好型产品作为政府采购的商品，从而降低对环境的影响，减轻环境的负担。早在 2002 年，日本政府便不再使用原生纸浆，凡是办公用纸一律使用再生纸，不仅循环利用了废弃纸张，而且大大降低了对森林的破坏，使用环保文具和低碳汽车也大大降低了二氧化碳的排放量。政府的绿色采购是最好的环保实际行动，起着重要的示范带头作用，这也对国民消费观念的更新起着至关重要的作用。德国政府除了为循环经济的创新和落地创造了良好的市场前景外，还颁布了一系列的激励政策，充分发挥了政府的政策导向作用。这些政策主要包括设立环保专项基金专门进行环保建设、政府以身作则实现政府绿色采购、为环保企业提供更加完善的融资服务、为环保企业设立绿色财政补贴、对环保企业实施税费减免等。

3. 增强环境法制建设和环境管理的有效协调，切实保障公民和单位享有提起环境诉讼的资格

日本政府采用举行内阁会议等方式努力促进经济产业省、环境省、农林水产省等相关部门密切配合，通过制定相互补充的生态环境政策，齐心协力构建循环经济社会。例如，经济产业省制定了支持和振兴环境保护企业的政策，环境省颁布了促进资源循环再利用的相关环保政策，农林水产省制定了鼓励和支持环保农业发展的农业政策等。日本政府内与循环经济建设紧密相关的各部门之间配合默契，以确保日本循环经济的顺利发展。

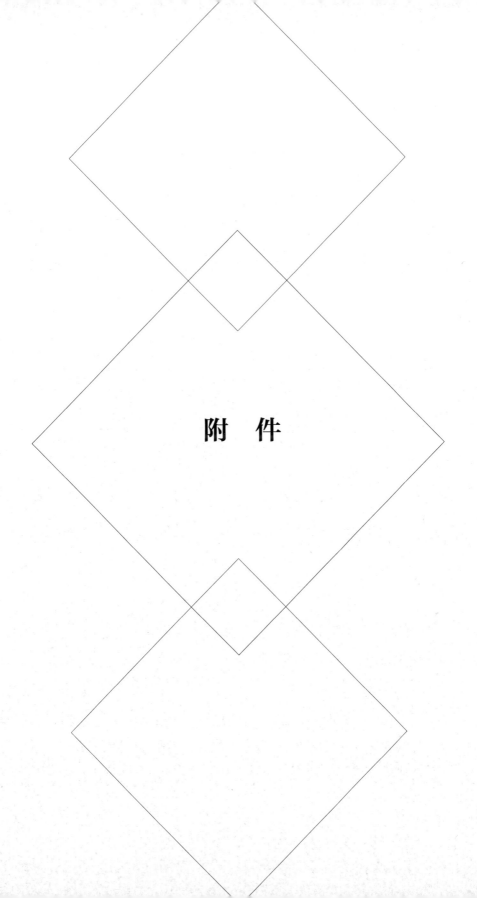

附　件

附件一 促进健康产业发展的中央层面的顶层设计

2013 年 10 月 14 日，国务院发布《关于促进健康服务业发展的若干意见》，明确了大健康领域的服务内涵和发展方向；2014 年，围绕健康医疗服务的相关政策相继出台，对大健康的市场探索不断深入；2015 年，建设"健康中国"上升为国家战略；2017 年，围绕"健康中国"战略出发的健康产业将频获政策利好，大健康产业规模与各细分领域都将快速发展，行业经济预测，大健康产业市场规模可达 10 万亿元。[①]

（一） 国务院关于加快发展养老服务业的若干意见[②]

国发〔2013〕35 号

各省、自治区、直辖市人民政府，国务院各部委、各直属机构：

近年来，我国养老服务业快速发展，以居家为基础、社区为依托、机构为支撑的养老服务体系初步建立，老年消费市场初步形成，老龄事业发展取得显著成就。但总体上看，养老服务和产品供给不足、市场发育不健全、城乡区域发展不平衡等问题还十分突出。当前，我国已经进入人口老龄化快速发展阶段，2012 年底我国 60 周岁以上老年人口已达 1.94 亿，2020 年将达到 2.43 亿，2025 年将突破 3 亿。积极应对人口老龄化，加快发展养老服务业，不断满足老年人持续增长的

[①] http：//blog. sina. com. cn/s/blog_ a85daca50102wv2r. html，访问时间 2017/10/13.

[②] http：//jnjd. mca. gov. cn/article/zyjd/zcwj/201310/20131000534003. shtml，访问时间 2017/10/14.

养老服务需求，是全面建成小康社会的一项紧迫任务，有利于保障老
年人权益，共享改革发展成果，有利于拉动消费、扩大就业，有利于
保障和改善民生，促进社会和谐，推进经济社会持续健康发展。为加
快发展养老服务业，现提出以下意见：

一　总体要求

（一）指导思想。以邓小平理论、"三个代表"重要思想、科学发
展观为指导，从国情出发，把不断满足老年人日益增长的养老服务需
求作为出发点和落脚点，充分发挥政府作用，通过简政放权，创新体
制机制，激发社会活力，充分发挥社会力量的主体作用，健全养老服
务体系，满足多样化养老服务需求，努力使养老服务业成为积极应对
人口老龄化、保障和改善民生的重要举措，成为扩大内需、增加就业、
促进服务业发展、推动经济转型升级的重要力量。

（二）基本原则。深化体制改革。加快转变政府职能，减少行政
干预，加大政策支持和引导力度，激发各类服务主体活力，创新服务
供给方式，加强监督管理，提高服务质量和效率。

坚持保障基本。以政府为主导，发挥社会力量作用，着力保障特
殊困难老年人的养老服务需求，确保人人享有基本养老服务。加大对
基层和农村养老服务的投入，充分发挥社区基层组织和服务机构在居
家养老服务中的重要作用。支持家庭、个人承担应尽责任。

注重统筹发展。统筹发展居家养老、机构养老和其他多种形式的
养老，实行普遍性服务和个性化服务相结合。统筹城市和农村养老资
源，促进基本养老服务均衡发展。统筹利用各种资源，促进养老服务
与医疗、家政、保险、教育、健身、旅游等相关领域的互动发展。

完善市场机制。充分发挥市场在资源配置中的基础性作用，逐步
使社会力量成为发展养老服务业的主体，营造平等参与、公平竞争的
市场环境，大力发展养老服务业，提供方便可及、价格合理的各类养

老服务和产品，满足养老服务多样化、多层次需求。

（三）发展目标。到 2020 年，全面建成以居家为基础、社区为依托、机构为支撑的，功能完善、规模适度、覆盖城乡的养老服务体系。养老服务产品更加丰富，市场机制不断完善，养老服务业持续健康发展。

——服务体系更加健全。生活照料、医疗护理、精神慰藉、紧急救援等养老服务覆盖所有居家老年人。符合标准的日间照料中心、老年人活动中心等服务设施覆盖所有城市社区，90% 以上的乡镇和 60% 以上的农村社区建立包括养老服务在内的社区综合服务设施和站点。全国社会养老床位数达到每千名老年人 35～40 张，服务能力大幅增强。

——产业规模显著扩大。以老年生活照料、老年产品用品、老年健康服务、老年体育健身、老年文化娱乐、老年金融服务、老年旅游等为主的养老服务业全面发展，养老服务业增加值在服务业中的比重显著提升，全国机构养老、居家社区生活照料和护理等服务提供 1000 万个以上就业岗位。涌现一批带动力强的龙头企业和大批富有创新活力的中小企业，形成一批养老服务产业集群，培育一批知名品牌。

——发展环境更加优化。养老服务业政策法规体系建立健全，行业标准科学规范，监管机制更加完善，服务质量明显提高。全社会积极应对人口老龄化意识显著增强，支持和参与养老服务的氛围更加浓厚，养老志愿服务广泛开展，敬老、养老、助老的优良传统得到进一步弘扬。

二　主要任务

（一）统筹规划发展城市养老服务设施

加强社区服务设施建设。各地在制定城市总体规划、控制性详细规划时，必须按照人均用地不少于 0.1 平方米的标准，分区分级规划设置养老服务设施。凡新建城区和新建居住（小）区，要按标准要求配套建设养老服务设施，并与住宅同步规划、同步建设、同步验收、同步交付使用；凡老城区和已建成居住（小）区无养老服务设施或现有设施没有达到规划和建设指标要求的，要限期通过购置、置换、租赁等方式开辟养老服务设施，不得挪作他用。

综合发挥多种设施作用。各地要发挥社区公共服务设施的养老服务功能，加强社区养老服务设施与社区服务中心（服务站）及社区卫生、文化、体育等设施的功能衔接，提高使用率，发挥综合效益。要支持和引导各类社会主体参与社区综合服务设施建设、运营和管理，提供养老服务。各类具有为老年人服务功能的设施都要向老年人开放。

实施社区无障碍环境改造。各地区要按照无障碍设施工程建设相关标准和规范，推动和扶持老年人家庭无障碍设施的改造，加快推进坡道、电梯等与老年人日常生活密切相关的公共设施改造。

（二）大力发展居家养老服务网络

发展居家养老便捷服务。地方政府要支持建立以企业和机构为主体、社区为纽带、满足老年人各种服务需求的居家养老服务网络。要通过制定扶持政策措施，积极培育居家养老服务企业和机构，上门为居家老年人提供助餐、助浴、助洁、助急、助医等定制服务；大力发展家政服务，为居家老年人提供规范化、个性化服务。要支持社区建立健全居家养老服务网点，引入社会组织和家政、物业等企业，兴办或运营老年供餐、社区日间照料、老年活动中心等形式多样的养老服务项目。

发展老年人文体娱乐服务。地方政府要支持社区利用社区公共服务设施和社会场所组织开展适合老年人的群众性文化体育娱乐活动，并发挥群众组织和个人积极性。鼓励专业养老机构利用自身资源优势，培训和指导社区养老服务组织和人员。

发展居家网络信息服务。地方政府要支持企业和机构运用互联网、物联网等技术手段创新居家养老服务模式，发展老年电子商务，建设居家服务网络平台，提供紧急呼叫、家政预约、健康咨询、物品代购、服务缴费等适合老年人的服务项目。

（三）大力加强养老机构建设

支持社会力量举办养老机构。各地要根据城乡规划布局要求，统筹考虑建设各类养老机构。在资本金、场地、人员等方面，进一步降低社会力量举办养老机构的门槛，简化手续、规范程序、公开信息，行政许可和登记机关要核定其经营和活动范围，为社会力量举办养老机构提供便捷服务。鼓励境外资本投资养老服务业。鼓励个人举办家庭化、小型化的养老机构，社会力量举办规模化、连锁化的养老机构。鼓励民间资本对企业厂房、商业设施及其他可利用的社会资源进行整合和改造，用于养老服务。

办好公办保障性养老机构。各地公办养老机构要充分发挥托底作用，重点为"三无"（无劳动能力，无生活来源，无赡养人和扶养人、或者其赡养人和扶养人确无赡养和扶养能力）老人、低收入老人、经济困难的失能半失能老人提供无偿或低收费的供养、护理服务。政府举办的养老机构要实用适用，避免铺张豪华。

开展公办养老机构改制试点。有条件的地方可以积极稳妥地把专门面向社会提供经营性服务的公办养老机构转制成为企业，完善法人治理结构。政府投资兴办的养老床位应逐步通过公建民营等方式管理运营，积极鼓励民间资本通过委托管理等方式，运营公有产权的养老服务设施。要开展服务项目和设施安全标准化建设，不断提高服务水平。

（四）切实加强农村养老服务

健全服务网络。要完善农村养老服务托底的措施，将所有农村

"三无"老人全部纳入五保供养范围，适时提高五保供养标准，健全农村五保供养机构功能，使农村五保老人老有所养。在满足农村五保对象集中供养需求的前提下，支持乡镇五保供养机构改善设施条件并向社会开放，提高运营效益，增强护理功能，使之成为区域性养老服务中心。依托行政村、较大自然村，充分利用农家大院等，建设日间照料中心、托老所、老年活动站等互助性养老服务设施。农村党建活动室、卫生室、农家书屋、学校等要支持农村养老服务工作，组织与老年人相关的活动。充分发挥村民自治功能和老年协会作用，督促家庭成员承担赡养责任，组织开展邻里互助、志愿服务，解决周围老年人实际生活困难。

拓宽资金渠道。各地要进一步落实《中华人民共和国老年人权益保障法》有关农村可以将未承包的集体所有的部分土地、山林、水面、滩涂等作为养老基地，收益供老年人养老的要求。鼓励城市资金、资产和资源投向农村养老服务。各级政府用于养老服务的财政性资金应重点向农村倾斜。

建立协作机制。城市公办养老机构要与农村五保供养机构等建立长期稳定的对口支援和合作机制，采取人员培训、技术指导、设备支援等方式，帮助其提高服务能力。建立跨地区养老服务协作机制，鼓励发达地区支援欠发达地区。

（五）繁荣养老服务消费市场

拓展养老服务内容。各地要积极发展养老服务业，引导养老服务企业和机构优先满足老年人基本服务需求，鼓励和引导相关行业积极拓展适合老年人特点的文化娱乐、体育健身、休闲旅游、健康服务、精神慰藉、法律服务等服务，加强残障老年人专业化服务。

开发老年产品用品。相关部门要围绕适合老年人的衣、食、住、行、医、文化娱乐等需要，支持企业积极开发安全有效的康复辅具、食品药品、服装服饰等老年用品用具和服务产品，引导商场、超市、批发市场设立老年用品专区专柜；开发老年住宅、老年公寓等老年生活设施，提高老年人生活质量。引导和规范商业银行、保险公司、证券公司等金融机构开发适合老年人的理财、信贷、保险等产品。

培育养老产业集群。各地和相关行业部门要加强规划引导，在制定相关产业发展规划中，要鼓励发展养老服务中小企业，扶持发展龙头企业，实施品牌战略，提高创新能力，形成一批产业链长、覆盖领域广、经济社会效益显著的产业集群。健全市场规范和行业标准，确保养老服务和产品质量，营造安全、便利、诚信的消费环境。

（六）积极推进医疗卫生与养老服务相结合

推动医养融合发展。各地要促进医疗卫生资源进入养老机构、社区和居民家庭。卫生管理部门要支持有条件的养老机构设置医疗机构。医疗机构要积极支持和发展养老服务，有条件的二级以上综合医院应当开设老年病科，增加老年病床数量，做好老年慢病防治和康复护理。要探索医疗机构与养老机构合作新模式，医疗机构、社区卫生服务机构应当为老年人建立健康档案，建立社区医院与老年人家庭医疗契约服务关系，开展上门诊视、健康查体、保健咨询等服务，加快推进面向养老机构的远程医疗服务试点。医疗机构应当为老年人就医提供优先优惠服务。

健全医疗保险机制。对于养老机构内设的医疗机构，符合城镇职工（居民）基本医疗保险和新型农村合作医疗定点条件的，可申请纳入定点范围，入住的参保老年人按规定享受相应待遇。完善医保报销制度，切实解决老年人异地就医结算问题。鼓励老年人投保健康保险、长期护理保险、意外伤害保险等人身保险产品，鼓励和引导商业保险公司开展相关业务。

三　政策措施

（一）完善投融资政策。要通过完善扶持政策，吸引更多民间资本，培育和扶持养老服务机构和企业发展。各级政府要加大投入，安排财政性资金支持养老服务体系建设。金融机构要加快金融产品和服务方式创新，拓宽信贷抵押担保物范围，积极支持养老服务业的信贷需求。积极利用财政贴息、小额贷款等方式，加大对养老服务业的有效信贷投入。加强养老服务机构信用体系建设，增强对信贷资金和民间资本的吸引力。逐步放宽限制，鼓励和支持保险资金投资养老服务领域。开展老年人住房反向抵押养老保险试点。鼓励养老机构投保责任保险，保险公司承保责任保险。地方政府发行债券应统筹考虑养老服务需求，积极支持养老服务设施建设及无障碍改造。

（二）完善土地供应政策。各地要将各类养老服务设施建设用地纳入城镇土地利用总体规划和年度用地计划，合理安排用地需求，可将闲置的公益性用地调整为养老服务用地。民间资本举办的非营利性养老机构与政府举办的养老机构享有相同的土地使用政策，可以依法使用国有划拨土地或者农民集体所有的土地。对营利性养老机构建设用地，按照国家对经营性用地依法办理有偿用地手续的规定，优先保障供应，并制定支持发展养老服务业的土地政策。严禁养老设施建设用地改变用途、容积率等土地使用条件搞房地产开发。

（三）完善税费优惠政策。落实好国家现行支持养老服务业的税收优惠政策，对养老机构提供的养护服务免征营业税，对非营利性养老机构自用房产、土地免征房产税、城镇土地使用税，对符合条件的非营利性养老机构按规定免征企业所得税。对企事业单位、社会团体和个人向非营利性养老机构的捐赠，符合相关规定的，准予在计算其应纳税所得额时按税法规定比例扣除。各地对非营利性养老机构建设要免征有关行政事业性收费，对营利性养老机构建设要减半征收有关行政事业性收费，对养老机构提供养老服务也要适当减免行政事业性收费，养老机构用电、用水、用气、用热按居民生活类价格执行。境内外资本举办养老机构享有同等的税收等优惠政策。制定和完善支持民间资本投资养老服务业的税收优惠政策。

（四）完善补贴支持政策。各地要加快建立养老服务评估机制，建立健全经济困难的高龄、失能等老年人补贴制度。可根据养老服务的实际需要，推进民办公助，选择通过补助投资、贷款贴息、运营补贴、购买服务等方式，支持社会力量举办养老服务机构，开展养老服务。民政部本级彩票公益金和地方各级政府用于社会福利事业的彩票公益金，要将50%以上的资金用于支持发展养老服务业，并随老年人口的增加逐步提高投入比例。国家根据经济社会发展水平和职工平均工资增长、物价上涨等情况，进一步完善落实基本养老、基本医疗、最低生活保障等政策，适时提高养老保障水平。要制定政府向社会力量购买养老服务的政策措施。

（五）完善人才培养和就业政策。教育、人力资源社会保障、民政部门要支持高等院校和中等职业学校增设养老服务相关专业和课程，扩大人才培养规模，加快培养老年医学、康复、护理、营养、心理和社会工作等方面的专门人才，制定优惠政策，鼓励大专院校对口专业毕业生从事养老服务工作。充分发挥开放大学作用，开展继续教育和远程学历教育。依托院校和养老机构建立养老服务实训基地。加强老年护理人员专业培训，对符合条件的参加养老护理职业培训和职业技能鉴定的从业人员按规定给予相关补贴，在养老机构和社区开发公益性岗位，吸纳农村转移劳动力、城镇就业困难人员等从事养老服务。养老机构应当积极改善养老护理员工作条件，加强劳动保护和职业防护，依法缴纳养老保险费等社会保险费，提高职工工资福利待遇。养老机构应当科学设置专业技术岗位，重点培养和引进医生、护士、康复医师、康复治疗师、社会工作者等具有执业或职业资格的专业技术人员。对在养老机构就业的专业技术人员，执行与医疗机构、福利机构相同的执业资格、注册考核政策。

（六）鼓励公益慈善组织支持养老服务。引导公益慈善组织重点参与养老机构建设、养老产品开发、养老服务提供，使公益慈善组织成为发展养老服务业的重要力量。积极培育发展为老服务公益慈善组织。积极扶持发展各类为老服务志愿组织，开展志愿服务活动。倡导机关干部和企事业单位职工、大中小学学生参加养老服务志愿活动。支持老年群众组织开展自我管理、自我服务和服务社会活动。探索建立健康老人参与志愿互助服务的工作机制，建立为老志愿服务登记制度。弘扬敬老、养老、助老的优良传统，支持社会服务窗口行业开展"敬老文明号"创建活动。

四 组织领导

（一）健全工作机制。各地要将发展养老服务业纳入国民经济和社会发展规划，纳入政府重要议事日程，进一步强化工作协调机制，定期分析养老服务业发展情况和存在问题，研究推进养老服务业加快发展的各项政策措施，认真落实养老服务业发展的相关任务要求。民政部门要切实履行监督管理、行业规范、业务指导职责，推动公办养老机构改革发展。发展改革部门要将养老服务业发展纳入经济社会发展规划、专项规划和区域规划，支持养老服务设施建设。财政部门要在现有资金渠道内对养老服务业发展给予财力保障。老龄工作机构要发挥综合协调作用，加强督促指导工作。教育、公安消防、卫生计生、国土、住房城乡建设、人力资源社会保障、商务、税务、金融、质检、工商、食品药品监管等部门要各司其职，及时解决工作中遇到的问题，形成齐抓共管、整体推进的工作格局。

（二）开展综合改革试点。国家选择有特点和代表性的区域进行养老服务业综合改革试点，在财政、金融、用地、税费、人才、技术及服务模式等方面进行探索创新，先行先试，完善体制机制和政策措施，为全国养老服务业发展提供经验。

（三）强化行业监管。民政部门要健全养老服务的准入、退出、监管制度，指导养老机构完善管理规范、改善服务质量，及时查处侵害老年人人身财产权益的违法行为和安全生产责任事故。价格主管部门要探索建立科学合理的养老服务定价机制，依法确定适用政府定价和政府指导价的范围。有关部门要建立完善养老服务业统计制度。其他各有关部门要依照职责分工对养老服务业实施监督管理。要积极培育和发展养老服务行业协会，发挥行业自律作用。

（四）加强督促检查。各地要加强工作绩效考核，确保责任到位、任务落实。省级人民政府要根据本意见要求，结合实际抓紧制定实施意见。国务院相关部门要根据本部门职责，制定具体政策措施。民政部、发展改革委、财政部等部门要抓紧研究提出促进民间资本参与养老服务业的具体措施和意见。发展改革委、民政部和老龄工作机构要加强对本意见执行情况的监督检查，及时向国务院报告。国务院将适时组织专项督查。

（国务院 2013 年 9 月 6 日）

（二） 国务院关于促进健康服务业发展的若干意见

国发〔2013〕40 号

各省、自治区、直辖市人民政府，国务院各部委、各直属机构：

新一轮医药卫生体制改革实施以来，取得重大阶段性成效，全民医保基本实现，基本医疗卫生制度初步建立，人民群众得到明显实惠，也为加快发展健康服务业创造了良好条件。为实现人人享有基本医疗卫生服务的目标，满足人民群众不断增长的健康服务需求，要继续贯彻落实《中共中央国务院关于深化医药卫生体制改革的意见》（中发〔2009〕6号），坚定不移地深化医药卫生体制改革，坚持把基本医疗卫生制度作为公共产品向全民提供的核心理念，按照保基本、强基层、建机制的基本原则，加快健全全民医保体系，巩固完善基本药物制度和基层运行新机制，积极推进公立医院改革，统筹推进基本公共卫生服务均等化等相关领域改革。同时，要广泛动员社会力量，多措并举发展健康服务业。

健康服务业以维护和促进人民群众身心健康为目标，主要包括医疗服务、健康管理与促进、健康保险以及相关服务，涉及药品、医疗器械、保健用品、保健食品、健身产品等支撑产业，覆盖面广，产业链长。加快发展健康服务业，是深化医改、改善民生、提升全民健康素质的必然要求，是进一步扩大内需、促进就业、转变经济发展方式的重要举措，对稳增长、调结构、促改革、惠民生，全面建成小康社会具有重要意义。为促进健康服务业发展，现提出以下意见：

一　总体要求

（一）指导思想

以邓小平理论、"三个代表"重要思想、科学发展观为指导，在切实保障人民群众基本医疗卫生服务需求的基础上，转变政府职能，加强政策引导，充分调动社会力量的积极性和创造性，大力引入社会资本，着力扩大供给、创新服务模式、提高消费能力，不断满足人民群众多层次、多样化的健康服务需求，为经济社会转型发展注入新的动力，为促进人的全面发展创造必要条件。

（二）基本原则

坚持以人为本、统筹推进。把提升全民健康素质和水平作为健康服务业发展的根本出发点、落脚点，切实维护人民群众健康权益。区分基本和非基本健康服务，实现两者协调发展。统筹城乡、区域健康服务资源配置，促进均衡发展。

坚持政府引导、市场驱动。强化政府在制度建设、规划和政策制定及监管等方面的职责。发挥市场在资源配置中的基础性作用，激发社会活力，不断增加健康服务供给，提高服务质量和效率。

坚持深化改革、创新发展。强化科技支撑，拓展服务范围，鼓励发展新型业态，提升健康服务规范化、专业化水平，建立符合国情、可持续发展的健康服务业体制机制。

（三）发展目标

到2020年，基本建立覆盖全生命周期、内涵丰富、结构合理的健康服务业体系，打造一批知名品牌和良性循环的健康服务产业集群，并形成一定的国际竞争力，基本满足广大人民群众的健康服务需求。健康服务业总规模达到8万亿元以上，成为推动经济社会持续发展的重要力量。

——医疗服务能力大幅提升。医疗卫生服务体系更加完善，形成以非营利性医疗机构为主体、营利性医疗机构为补充，公立医疗机构为主导、非公立医疗机构共同发展的多元办医格局。康复、护理等服务业快速增长。各类医疗卫生机构服务质量进一步提升。

——健康管理与促进服务水平明显提高。中医医疗保健、健康养老以及健康体检、咨询管理、体质测定、体育健身、医疗保健旅游等多样化健康服务得到较大发展。

——健康保险服务进一步完善。商业健康保险产品更加丰富，参保人数大幅增加，商业健康保险支出占卫生总费用的比重大幅提高，形成较为完善的健康保险机制。

——健康服务相关支撑产业规模显著扩大。药品、医疗器械、康复辅助器具、保健用品、健身产品等研发制造技术水平有较大提升，

具有自主知识产权产品的市场占有率大幅提升，相关流通行业有序
发展。

——健康服务业发展环境不断优化。健康服务业政策和法规体系
建立健全，行业规范、标准更加科学完善，行业管理和监督更加有效，
人民群众健康意识和素养明显提高，形成全社会参与、支持健康服务
业发展的良好环境。

二　主要任务

（一）大力发展医疗服务

加快形成多元办医格局。切实落实政府办医责任，合理制定区域
卫生规划和医疗机构设置规划，明确公立医疗机构的数量、规模和布
局，坚持公立医疗机构面向城乡居民提供基本医疗服务的主导地位。
同时，鼓励企业、慈善机构、基金会、商业保险机构等以出资新建、
参与改制、托管、公办民营等多种形式投资医疗服务业。大力支持社
会资本举办非营利性医疗机构、提供基本医疗卫生服务。进一步放宽
中外合资、合作办医条件，逐步扩大具备条件的境外资本设立独资医
疗机构试点。各地要清理取消不合理的规定，加快落实对非公立医疗
机构和公立医疗机构在市场准入、社会保险定点、重点专科建设、职
称评定、学术地位、等级评审、技术准入等方面同等对待的政策。对
出资举办非营利性医疗机构的非公经济主体的上下游产业链项目，优
先按相关产业政策给予扶持。鼓励地方加大改革创新力度，在社会办
医方面先行先试，国家选择有条件的地区和重点项目作为推进社会办
医联系点。

优化医疗服务资源配置。公立医院资源丰富的城市要加快推进国
有企业所办医疗机构改制试点；国家确定部分地区进行公立医院改制
试点。引导非公立医疗机构向高水平、规模化方向发展，鼓励发展专
业性医院管理集团。二级以上医疗机构检验对所有医疗机构开放，推

动医疗机构间检查结果互认。各级政府要继续采取完善体制机制、购买社会服务、加强设施建设、强化人才和信息化建设等措施，促进优质资源向贫困地区和农村延伸。各地要鼓励以城市二级医院转型、新建等多种方式，合理布局、积极发展康复医院、老年病医院、护理院、临终关怀医院等医疗机构。

推动发展专业、规范的护理服务。推进临床护理服务价格调整，更好地体现服务成本和护理人员技术劳动价值。强化临床护理岗位责任管理，完善质量评价机制，加强培训考核，提高护理质量，建立稳定护理人员队伍的长效机制。科学开展护理职称评定，评价标准侧重临床护理服务数量、质量、患者满意度及医德医风等。加大政策支持力度，鼓励发展康复护理、老年护理、家庭护理等适应不同人群需要的护理服务，提高规范化服务水平。

（二）加快发展健康养老服务

推进医疗机构与养老机构等加强合作。在养老服务中充分融入健康理念，加强医疗卫生服务支撑。建立健全医疗机构与养老机构之间的业务协作机制，鼓励开通养老机构与医疗机构的预约就诊绿色通道，协同做好老年人慢性病管理和康复护理。增强医疗机构为老年人提供便捷、优先优惠医疗服务的能力。推动二级以上医院与老年病医院、老年护理院、康复疗养机构等之间的转诊与合作。各地要统筹医疗服务与养老服务资源，合理布局养老机构与老年病医院、老年护理院、康复疗养机构等，形成规模适宜、功能互补、安全便捷的健康养老服务网络。

发展社区健康养老服务。提高社区为老年人提供日常护理、慢性病管理、康复、健康教育和咨询、中医保健等服务的能力，鼓励医疗机构将护理服务延伸至居民家庭。鼓励发展日间照料、全托、半托等多种形式的老年人照料服务，逐步丰富和完善服务内容，做好上门巡诊等健康延伸服务。

（三）积极发展健康保险

丰富商业健康保险产品。在完善基本医疗保障制度、稳步提高基本医疗保障水平的基础上，鼓励商业保险公司提供多样化、多层次、规范化的产品和服务。鼓励发展与基本医疗保险相衔接的商业健康保险，推进商业保险公司承办城乡居民大病保险，扩大人群覆盖面。积极开发长期护理商业险以及与健康管理、养老等服务相关的商业健康保险产品。推行医疗责任保险、医疗意外保险等多种形式医疗执业保险。

发展多样化健康保险服务。建立商业保险公司与医疗、体检、护理等机构合作的机制，加强对医疗行为的监督和对医疗费用的控制，促进医疗服务行为规范化，为参保人提供健康风险评估、健康风险干预等服务，并在此基础上探索健康管理组织等新型组织形式。鼓励以政府购买服务的方式委托具有资质的商业保险机构开展各类医疗保险经办服务。

（四）全面发展中医药医疗保健服务

提升中医健康服务能力。充分发挥中医医疗预防保健特色优势，提升基层中医药服务能力，力争使所有社区卫生服务机构、乡镇卫生院和70%的村卫生室具备中医药服务能力。推动医疗机构开展中医医疗预防保健服务，鼓励零售药店提供中医坐堂诊疗服务。开发中医诊疗、中医药养生保健仪器设备。

推广科学规范的中医保健知识及产品。加强药食同用中药材的种植及产品研发与应用，开发适合当地环境和生活习惯的保健养生产品。宣传普及中医药养生保健知识，推广科学有效的中医药养生、保健服务，鼓励有资质的中医师在养生保健机构提供保健咨询和调理等服务。鼓励和扶持优秀的中医药机构到境外开办中医医院、连锁诊所等，培育国际知名的中医药品牌和服务机构。

（五）支持发展多样化健康服务

发展健康体检、咨询等健康服务。引导体检机构提高服务水平，开展连锁经营。加快发展心理健康服务，培育专业化、规范化的心理咨询、辅导机构。规范发展母婴照料服务。推进全科医生服务模式和激励机制改革试点，探索面向居民家庭的签约服务。大力开展健康咨询和疾病预防，促进以治疗为主转向预防为主。

发展全民体育健身。进一步开展全民健身运动，宣传、普及科学健身知识，提高人民群众体育健身意识，引导体育健身消费。加强基层多功能群众健身设施建设，到 2020 年，80% 以上的市（地）、县（市、区）建有"全民健身活动中心"，70% 以上的街道（乡镇）、社区（行政村）建有便捷、实用的体育健身设施。采取措施推动体育场馆、学校体育设施等向社会开放。支持和引导社会力量参与体育场馆的建设和运营管理。鼓励发展多种形式的体育健身俱乐部和体育健身组织，以及运动健身培训、健身指导咨询等服务。大力支持青少年、儿童体育健身，鼓励发展适合其成长特点的体育健身服务。

发展健康文化和旅游。支持健康知识传播机构发展，培育健康文化产业。鼓励有条件的地区面向国际国内市场，整合当地优势医疗资源、中医药等特色养生保健资源、绿色生态旅游资源，发展养生、体育和医疗健康旅游。

（六）培育健康服务业相关支撑产业

支持自主知识产权药品、医疗器械和其他相关健康产品的研发制造和应用。继续通过相关科技、建设专项资金和产业基金，支持创新药物、医疗器械、新型生物医药材料研发和产业化，支持到期专利药品仿制，支持老年人、残疾人专用保健用品、康复辅助器具研发生产。支持数字化医疗产品和适用于个人及家庭的健康检测、监测与健康物联网等产品的研发。加大政策支持力度，提高具有自主知识产权的医学设备、材料、保健用品的国内市场占有率和国际竞争力。

大力发展第三方服务。引导发展专业的医学检验中心和影像中心。支持发展第三方的医疗服务评价、健康管理服务评价，以及健康市场调查和咨询服务。公平对待社会力量提供食品药品检测服务。鼓励药学研究、临床试验等生物医药研发服务外包。完善科技中介体系，大力发展专业化、市场化的医药科技成果转化服务。

支持发展健康服务产业集群。鼓励各地结合本地实际和特色优势，合理定位、科学规划，在土地规划、市政配套、机构准入、人才引进、执业环境等方面给予政策扶持和倾斜，打造健康服务产业集群，探索体制创新。要通过加大科技支撑、深化行政审批制度改革、产业政策引导等综合措施，培育一批医疗、药品、医疗器械、中医药等重点产业，打造一批具有国际影响力的知名品牌。

（七）健全人力资源保障机制

加大人才培养和职业培训力度。支持高等院校和中等职业学校开设健康服务业相关学科专业，引导有关高校合理确定相关专业人才培养规模。鼓励社会资本举办职业院校，规范并加快培养护士、养老护理员、药剂师、营养师、育婴师、按摩师、康复治疗师、健康管理师、健身教练、社会体育指导员等从业人员。对参加相关职业培训和职业技能鉴定的人员，符合条件的按规定给予补贴。建立健全健康服务业从业人员继续教育制度。各地要把发展健康服务业与落实各项就业创业扶持政策紧密结合起来，充分发挥健康服务业吸纳就业的作用。

促进人才流动。加快推进规范的医师多点执业。鼓励地方探索建立区域性医疗卫生人才充分有序流动的机制。不断深化公立医院人事制度改革，推动医务人员保障社会化管理，逐步变身份管理为岗位管理。探索公立医疗机构与非公立医疗机构在技术和人才等方面的合作机制，对非公立医疗机构的人才培养、培训和进修等给予支持。在养老机构服务的具有执业资格的医护人员，在职称评定、专业技术培训和继续医学教育等方面，享有与医疗机构医护人员同等待遇。深入实施医药卫生领域人才项目，吸引高层次医疗卫生人才回国服务。

（八）夯实健康服务业发展基础

推进健康服务信息化。制定相关信息数据标准，加强医院、医疗保障等信息管理系统建设，充分利用现有信息和网络设施，尽快实现医疗保障、医疗服务、健康管理等信息的共享。积极发展网上预约挂号、在线咨询、交流互动等健康服务。以面向基层、偏远和欠发达地区的远程影像诊断、远程会诊、远程监护指导、远程手术指导、远程教育等为主要内容，发展远程医疗。探索发展公开透明、规范运作、平等竞争的药品和医疗器械电子商务平台。支持研制、推广适应广大乡镇和农村地区需求的低成本数字化健康设备与信息系统。逐步扩大数字化医疗设备配备，探索发展便携式健康数据采集设备，与物联网、移动互联网融合，不断提升自动化、智能化健康信息服务水平。

加强诚信体系建设。引导企业、相关从业人员增强诚信意识，自觉开展诚信服务，加强行业自律和社会监督，加快建设诚信服务制度。充分发挥行业协会、学会在业内协调、行业发展、监测研究，以及标准制订、从业人员执业行为规范、行业信誉维护等方面的作用。建立健全不良执业记录制度、失信惩戒以及强制退出机制，将健康服务机构及其从业人员诚信经营和执业情况纳入统一信用信息平台。加强统计监测工作，加快完善健康服务业统计调查方法和指标体系，健全相关信息发布制度。

三　政策措施

（一）放宽市场准入。建立公开、透明、平等、规范的健康服务业准入制度，凡是法律法规没有明令禁入的领域，都要向社会资本开放，并不断扩大开放领域；凡是对本地资本开放的领域，都要向外地资本开放。民办非营利性机构享受与同行业公办机构同等待遇。对连锁经营的服务企业实行企业总部统一办理工商注册登记手续。各地要进一步规范、公开医疗机构设立的基本标准、审批程序，严控审批时限，下放审批权限，及时发布机构设置和规划布局调整等信息，鼓励有条件的地方采取招标等方式确定举办或运行主体。简化对康复医院、老年病医院、儿童医院、护理院等紧缺型医疗机构的立项、开办、执业资格、医保定点等审批手续。研究取消不合理的前置审批事项。放宽对营利性医院的数量、规模、布局以及大型医用设备配置的限制。

（二）加强规划布局和用地保障。各级政府要在土地利用总体规划和城乡规划中统筹考虑健康服务业发展需要，扩大健康服务业用地供给，优先保障非营利性机构用地。新建居住区和社区要按相关规定在公共服务设施中保障医疗卫生、文化体育、社区服务等健康服务业相关设施的配套。支持利用以划拨方式取得的存量房产和原有土地兴办健康服务业，土地用途和使用权人可暂不变更。连续经营1年以上、符合划拨用地目录的健康服务项目可按划拨土地办理用地手续；不符合划拨用地目录的，可采取协议出让方式办理用地手续。

（三）优化投融资引导政策。鼓励金融机构按照风险可控、商业可持续原则加大对健康服务业的支持力度，创新适合健康服务业特点的金融产品和服务方式，扩大业务规模。积极支持符合条件的健康服务企业上市融资和发行债券。鼓励各类创业投资机构和融资担保机构对健康服务领域创新型新业态、小微企业开展业务。政府引导、推动设立由金融和产业资本共同筹资的健康产业投资基金。创新健康服务业利用外资方式，有效利用境外直接投资、国际组织和外国政府优惠贷款、国际商业贷款。大力引进境外专业人才、管理技术和经营模式，提高健康服务业国际合作的知识和技术水平。

（四）完善财税价格政策。建立健全政府购买社会服务机制，由政府负责保障的健康服务类公共产品可通过购买服务的方式提供，逐步增加政府采购的类别和数量。创新财政资金使用方式，引导和鼓励融资性担保机构等支持健康服务业发展。将健康服务业纳入服务业发展引导资金支持范围并加大支持力度。符合条件、提供基本医疗卫生服务的非公立医疗机构，其专科建设、设备购置、人才队伍建设纳入财政专项资金支持范围。完善政府投资补助政策，通过公办民营、民办公助等方式，支持社会资本举办非营利性健康服务机构。经认定为高新技术企业的医药企业，依法享受高新技术企业税收优惠政策。企业、个人通过公益性社会团体或者县级以上人民政府及其部门向非营利性医疗机构的捐赠，按照税法及相关税收政策的规定在税前扣除。发挥价格在促进健康服务业发展中的作用。非公立医疗机构用水、用电、用气、用热实行与公立医疗机构同价政策。各地对非营利性医疗机构建设免予征收有关行政事业性收费，对营利性医疗机构建设减半征收有关行政事业性收费。清理和取消对健康服务机构不合法、不合理的行政事业性收费项目。纠正各地自行出台的歧视性价格政策。探索建立医药价格形成新机制。非公立医疗机构医疗服务价格实行市场调节价。

（五）引导和保障健康消费可持续增长。政府进一步加大对健康服务领域的投入，并向低收入群体倾斜。完善引导参保人员利用基层医疗服务、康复医疗服务的措施。着力建立健全工伤预防、补偿、康复相结合的工伤保险制度体系。鼓励地方结合实际探索对经济困难的高龄、独居、失能老年人补贴等直接补助群众健康消费的具体形式。企业根据国家有关政策规定为其员工支付的补充医疗保险费，按税收政策规定在企业所得税税前扣除。借鉴国外经验并结合我国国情，健全完善健康保险有关税收政策。

（六）完善健康服务法规标准和监管。推动制定、修订促进健康服务业发展的相关法律、行政法规。以规范服务行为、提高服务质量和提升服务水平为核心，健全服务标准体系，强化标准的实施，提高健康服务业标准化水平。在新兴的健康服务领域，鼓励龙头企业、地方和行业协会参与制订服务标准。在暂不能实行标准化的健康服务行业，广泛推行服务承诺、服务公约、服务规范等制度。完善监督机制，创新监管方式，推行属地化管理，依法规范健康服务机构从业行为，强化服务质量监管和市场日常监管，严肃查处违法经营行为。

（七）营造良好社会氛围。充分利用广播电视、平面媒体及互联网等新兴媒体深入宣传健康知识，鼓励开办专门的健康频道或节目栏目，倡导健康的生活方式，在全社会形成重视和促进健康的社会风气。通过广泛宣传和典型报道，不断提升健康服务业从业人员的社会地位。规范药品、保健食品、医疗机构等方面广告和相关信息发布行为，严厉打击虚假宣传和不实报道，积极营造良好的健康消费氛围。

各地区、各部门要高度重视，把发展健康服务业放在重要位置，加强沟通协调，密切协作配合，形成工作合力。各有关部门要根据本意见要求，各负其责，并按职责分工抓紧制定相关配套文件，确保各项任务措施落实到位。省级人民政府要结合实际制定具体方案、规划或专项行动计划，促进本地区健康服务业有序快速发展。发展改革委要会同有关部门对落实本意见的情况进行监督检查和跟踪分析，重大情况和问题及时向国务院报告。国务院将适时组织专项督查。

（三）国务院总理李克强发言，推进医疗卫生与养老服务结合[①]

国务院总理李克强于 2015 年 11 月 11 日主持召开国务院常务会议，确定稳定粮食生产增加种粮收入的措施，保障粮食安全和农民利益；部署以消费升级促进产业升级，培育形成新供给新动力扩大内需；

①　http://www.gov.cn/guowuyuan/gwycwhy201535/，访问时间 2017/10/15

决定推进医疗卫生与养老服务结合，更好保障老有所医老有所养；通过《地图管理条例（草案）》。

会议指出，推进医疗卫生与养老服务相结合，一是促进医养融合对接。医疗机构为养老机构开通预约就诊绿色通道，养老机构内设的医疗机构可作为医院康复护理场所。二是鼓励社会力量兴办医养结合机构。三是强化投融资、用地等支持。会议决定，在全国每个省份至少选择一个地区开展医养结合试点示范。

（四）《关于推进医疗卫生与养老服务相结合的指导意见》

国办发〔2015〕84号

2015年11月18日，国务院办公厅转发卫生计生委、民政部、发展改革委、财政部、人力资源社会保障部、国土资源部、住房城乡建设部、全国老龄办、中医药局《关于推进医疗卫生与养老服务相结合的指导意见》（以下简称《意见》），全面部署进一步推进医疗卫生与养老服务相结合，满足人民群众多层次、多样化的健康养老服务需求。

《意见》提出，到2020年，符合国情的医养结合体制机制和政策法规体系基本建立，医疗卫生和养老服务资源实现有序共享，覆盖城乡、规模适宜、功能合理、综合连续的医养结合服务网络基本形成，基层医疗卫生机构为居家老年人提供上门服务的能力明显提升。所有医疗机构开设为老年人提供挂号、就医等便利服务的绿色通道，所有养老机构能够以不同形式为入住老年人提供医疗卫生服务，基本适应老年人健康养老服务需求。

《意见》明确了五方面重点任务。一是建立健全医疗卫生机构与养老机构合作机制。鼓励养老机构与周边的医疗卫生机构开展多种形式的协议合作。通过建设医疗养老联合体等多种方式，为老年人提供一体化的健康和养老服务。二是支持养老机构开展医疗服务。养老机构可根据服务需求和自身能力，按相关规定申请开办医疗机构，提高养老机构提供基本医疗服务的能力。三是推动医疗卫生服务延伸至社区、家庭。推进基层医疗卫生机构和医务人员与社区、居家养老结合，与老年人家庭建立签约服务关系，为老年人提供连续性的健康管理服务和医疗服务。四是鼓励社会力量兴办医养结合机构。在制定医疗卫生和养老相关规划时，要给社会力量举办医养结合机构留出空间，鼓励有条件的地方提供一站式便捷服务。五是鼓励医疗卫生机构与养老服务融合发展。统筹医疗卫生与养老服务资源布局，提高综合医院为老年患者服务的能力，提高基层医疗卫生机构康复、护理床位占比，全面落实老年医疗服务优待政策。

《意见》强调，要完善投融资和财税价格政策，加强规划布局和用地保障，探索建立多层次长期照护保障体系，加强人才队伍建设，强化信息支撑，为医养结合提供有力保障。要加强组织领导和部门协同，抓好试点示范，每个省（区、市）至少设 1 个省级试点地区。

医疗卫生与养老服务相结合，是社会各界普遍关注的重大民生问题，是积极应对人口老龄化的长久之计，是我国经济发展新常态下重要的经济增长点。加快推进医疗卫生与养老服务相结合，对稳增长、促改革、调结构、惠民生和全面建成小康社会具有重要意义。

（五）《中共中央、国务院关于深入推进农业供给侧结构性改革加快培育农业农村发展新动能的若干意见》[①]

国办发〔2015〕84 号

2017 年 2 月 5 日晚间，《中共中央、国务院关于深入推进农业供

---

① http://www.zgkycyw.cn/news/show.php? itemid=47,访问时间 2017/10/10.

给侧结构性改革加快培育农业农村发展新动能的若干意见》（暨2017年中央1号文件）发布。全文约13000字共六个部分33条内容；值得一提的是文件对发展农村康养事业做了浓墨重彩的描述。中央农村工作领导小组副组长、中央农办主任、中央财办副主任唐仁健接受专访说：当前休闲农业、乡村旅游、乡村养老等新产业新业态用地需求旺盛。因此，文件提出允许通过村庄整治、宅基地整理等节约的建设用地采取入股、联营等方式，重点支持乡村休闲旅游养老等产业和农村三产融合发展。文件摘录如下。

支持一：利用"旅游＋""生态＋"等模式，推进农业、林业与旅游、教育、文化、康养等产业深度融合。

第13条　大力发展乡村休闲旅游产业。

充分发挥乡村各类物质与非物质资源富集的独特优势，利用"旅游＋"、"生态＋"等模式，推进农业、林业与旅游、教育、文化、康养等产业深度融合。丰富乡村旅游业态和产品，打造各类主题乡村旅游目的地和精品线路，发展富有乡村特色的民宿和养生养老基地。鼓励农村集体经济组织创办乡村旅游合作社，或与社会资本联办乡村旅游企业。多渠道筹集建设资金，大力改善休闲农业、乡村旅游、森林康养公共服务设施条件，在重点村优先实现宽带全覆盖。完善休闲农业、乡村旅游行业标准，建立健全食品安全、消防安全、环境保护等监管规范。支持传统村落保护，维护少数民族特色村寨整体风貌，有条件的地区实行连片保护和适度开发。

支持二：特色村镇＋养老

第16条　培育宜居宜业特色村镇。

围绕有基础、有特色、有潜力的产业，建设一批农业文化旅游"三位一体"、生产生活生态同步改善、一产二产三产深度融合的特色村镇。支持各地加强特色村镇产业支撑、基础设施、公共服务、环境风貌等建设。打造"一村一品"升级版，发展各具特色的专业村。支持有条件的乡村建设以农民合作社为主要载体、让农民充分参与和受益，集循环农业、创意农业、农事体验于一体的田园综合体，通过农业综合开发、农村综合改革转移支付等渠道开展试点示范。深入实施农村产业融合发展试点示范工程，支持建设一批农村产业融合发展示范园。

支持三：健全农村老人、残疾人关爱服务体系

第 24 条 提升农村基本公共服务水平。

全面落实城乡统一、重在农村的义务教育经费保障机制，加强乡村教师队伍建设。继续提高城乡居民基本医疗保险筹资水平，加快推进城乡居民医保制度整合，推进基本医保全国联网和异地就医结算。加强农村基层卫生人才培养。完善农村低保对象认定办法，科学合理确定农村低保标准。扎实推进农村低保制度与扶贫开发政策有效衔接，做好农村低保兜底工作。完善城乡居民养老保险筹资和保障机制。健全农村留守儿童和妇女、老人、残疾人关爱服务体系。

第 31 条 探索建立农业农村发展用地保障机制。

优化城乡建设用地布局，合理安排农业农村各业用地。完善新增建设用地保障机制，将年度新增建设用地计划指标确定一定比例用于支持农村新产业新业态发展。加快编制村级土地利用规划。在控制农村建设用地总量、不占用永久基本农田前提下，加大盘活农村存量建设用地力度。允许通过村庄整治、宅基地整理等节约的建设用地采取入股、联营等方式，重点支持乡村休闲旅游养老等产业和农村三产融合发展，严禁违法违规开发房地产或建私人庄园会所。完善农业用地政策，积极支持农产品冷链、初加工、休闲采摘、仓储等设施建设。改进耕地占补平衡管理办法，严格落实耕地占补平衡责任，探索对资源匮乏省份补充耕地实行国家统筹。

附件二 国外康养产业发展典型实践

（一）美国太阳城和 CCRC 持续照料退休社区开发模式

美国太阳城和 CCRC 持续照料退休社区开发模式，是美国比较主要的两种养老地产开发模式。太阳城精准的客户定位和产品定位、CCRC 持续照料的精细化服务理念和运营模式，都是非常值得中国借鉴的。中国老龄化社会问题的解决，一定要依靠社会力量，尤其要依靠很多有社会责任感的开发企业，站在中国国情的基点上，充分借鉴国外成熟的老年住区开发模式，积极投身中国老年住区的开发建设，才能有助于推动中国老龄事业的发展。

一 美国太阳城的开发模式

目前中国的很多养老地产开发项目，大都借鉴了美国太阳城的开发模式，甚至是直接引用了"太阳城"的名字作为项目名称，比如北京的"太阳城""东方太阳城"，天津武清的"卓达太阳城"等。可见美国"太阳城"的开发模式和理念，已经对中国产生了一定的引导作用。

表1 美国14个太阳城项目的基本情况列表

序号	项目名称	人数	占地面积（英亩）	既有户数	销售状况	康乐中心	高尔夫设施	年费（美元）	其他设施
1	亚利桑那州太阳城	44000	8900	26000	仅限转售	7个	7个18洞 1个9洞 3个乡村俱乐部	432	16个购物中心、402个床位的医院、7000座位露天剧场

续表

序号	项目名称	人数	占地面积（英亩）	既有户数	销售状况	康乐中心	高尔夫设施	年费（美元）	其他设施
2	亚利桑那州西部太阳城	31000	7100	16900	仅限转售	4个	7个18洞1个乡村俱乐部	674	70多项相关业务297床医院、7169座位表演艺术中心
3	来利桑那州大太阳城	17500	—	9800	仅限转售	2个	2个18洞	1008	社区中心
4	内华达州太阳城	14400	2530	7782	平面图15个	4个	3个18洞	1086	2个商业中心、25项有关商业业务
5	亚利桑那州图森城太阳城	5000	1000	2500	仅限销售	3个	1个18洞	1440	Oro谷距图森25英里
6	乔治镇太阳城	17100	5300	9500	平面图18个	1个	2个18洞3个计划中	1992	距乔治湖2英里、社会内有疗养设施
7	内华达州太阳城	9600	3300	5000	4个户型	1个	3个18洞	1104	购物中心、服务设施距离小于10分钟
8	南卡罗莱纳州太阳城	16000	5600	8500	平面图31个	1个	2个18洞1个27洞	1860	私人街区急救车随时待入
9	加州林肯山	9500	2370	5300	平面图18个	3个	2个18洞	1236	8英里步行5个小型公园
10	加州罗斯福太阳城	6000	1200	3100	平面图24个	2个	1个18洞1个9洞	1596	保护级橡树公园和湿地
11	伊利诺斯州太阳城	9000	1850	5100	平面图11个	1个	1个18洞	1500	计划中：9个社会35英亩2英里步行道165英亩家庭花园

续表

序号	项目名称	人数	占地面积（英亩）	既有户数	销售状况	康乐中心	高尔夫设施	年费（美元）	其他设施
12	加州棕榈沙漠太阳城	9000	1600	48000	平面图15个	2个	1个18洞2个8洞	1640	康乐中心近商业区
13	亚利桑那州牧场太阳城	2800	5800	—	—	1个康乐中心1个乡村俱乐部	1个18洞	2770	—
14	马萨诸塞州普利茅斯太阳城	—	360	3000	—	1个康乐中心	2个18洞冠军系列球场	3600	距大西洋4英里距科德角20分钟车程

1. 美国"太阳城"的主要项目分布、规模、配套和产品类型

美国的"太阳城"目前主要有14个项目（见表1）：加州洛杉矶东北方向的"苹果谷太阳城"、亚利桑那州凤凰城的"太阳城"和"西部太阳城"、凤凰城东南方向的"牧场太阳城"，以及佛罗里达州的"西海岸太阳城中心"等。其中，亚利桑那州凤凰城的"太阳城"，是"太阳城"的发源地。

亚利桑那州凤凰城的"太阳城"，是太阳城系列的特例，是按照新建小镇的规模配套公建设施的。而"苹果谷太阳城""牧场太阳城"等这些新建项目，是没有这些完整配套的，主要配套是适合健康老人活动的会所和户外运动项目，没有医疗、护理等设施配套。

2. "太阳城"开发模式的九大特征

（1）属于住宅开发性质；

（2）依靠销售回款盈利；

（3）限定55岁以上的老人才能入住；

（4）专为健康活跃老人提供会所和户外运动设施；

（5）没有医疗、护理等配套服务，主要依赖社区所在城镇提供的大市政配套，社区内没有建设相应设施；

（6）一般都位于郊区区位，占地大、容积率低，建筑形态多为单层、独栋或双拼，精装修标准、拎包入住；

（7）房价便宜，"苹果谷太阳城"在洛杉矶东北方向 120 公里左右，其房价是洛杉矶市内的 1/3 左右，对老年购房群体很有诱惑力；

（8）附近一般都配有专为社区服务的商业中心；

（9）兼有旅游度假功能，目标客户同时有常住客户，也有旅游度假客户。如凤凰城"太阳城"，每年居住的总人数在 44000 居住人口左右，其中 28000 人是常住客户，而 16000 人是旅游度假客户；凤凰城东南方向的"牧场太阳城"，也具有鲜明的"候鸟型"度假特征。

3. "太阳城"的开发商和开发理念

（1）开发商：Del Webb 和 Pulte Homes 在美国太阳城的各个项目的展示大厅中，都张挂着太阳城的开发商——Del Webb 和 Pulte Homes 的合作历程与合作理念。"Del Webb And Pulte Homes：Two legacies, one company."PulteHomes，美国最大的住宅制造商之一，DelWebb，美国活跃老人住区建设的领导者，共同分享辉煌的历史。Pulte 始于 1950 年，而 Del Webb 始于 1928 年，并于 1960 年在凤凰城西部建设了第一个退休老人的社区。现在，Pulte 和 Del Webb 像一个公司一样在一起合作，整合了它们的资源和数十年的经验，一起开发高质量的老年住宅和社区。

（2）开发理念："Your Community, Your Home. Both Reflect Who You Are"。

4. "太阳城"开发模式对中国的启发和借鉴

（1）四点值得借鉴：①住宅立项，依靠销售迅速回款；②客户定位精准，以健康活跃老人为主要客群，为其进行产品定位，满足其特殊的生活、交往、活动等的需求；③不设医疗、护理等配套设施，降低了前期投入成本，提高了资金使用效率，降低了开发风险；④在市场和产业链日趋成熟时，可与分时度假管理公司紧密合作，在项目开始时便实现订单生产。

（2）两点不值得借鉴：①中国地少人多的国情，不适合大量兴建低密度、单层的单体建筑，应以多层或小高层的单体形态为主；②中国的公共医疗资源匮乏，如社区内不能提供一定的医疗、护理配套、市政配套的公共资源又跟不上，就会影响老人的入住选择。中国的老人和子女，选择老年住区最为关心的，还是所在社区能否提供及时、持续的医疗、护理条件。

二　美国 CCRC 持续照料退休社区及其精细化管理服务

1. CCRC 的概念 CCRC—Continue Care of Retirement Community，持续照料退休社区。一般将老人按其健康活跃或需要照料的程度，分为以下三类。

（1）完全可以自理的健康活跃老人，一般在 55 ~ 65 岁；

（2）需要半护理的老人，一般在 65 ~ 75 岁，可以部分自理，或在医院医治后可以回家康复理疗的老人；

（3）全护理老人，一般在 75 岁以上，行动不便或患有老年痴呆症的老人，需要 24 小时看护和照料的老人。CCRC 持续照料退休社区的概念就是，在一个综合社区中，为上述三类老人都能提供相应的居住产品，以满足老人在不同生理年龄阶段，对居住和配套服务的要求，老人不需要搬家就可以在 CCRC 社区中完成人生三分之一的幸福旅程。

2. CCRC 开发模式的九大特征

（1）至少同时满足三类老人的居住需求，并配备了相应的服务设施；

（2）产品类型，按三类老人的基本特征，有所区别；

（3）一般三类产品的配比：12：2：1；

（4）附近紧邻医院资源；社区内设有医疗室，每层设置秘书站（护理站）；

（5）设老人专属食堂，给老人提供营养配餐；

（6）不设大会所，但化整为零，为老人提供丰富的活动设施；

（7）在经营模式收取入门费＋年费。只提供租赁权和服务享受权，不提供房屋产权。①入门费（或押金）按房间大小，入门费从20万～100万美元不等。②年费（或月费）。健康活跃老人，3000美元/月；半护理老人，4000美元/月；全护理老人：5000～6000美元/月。

（8）郊区区位，以多层为主，规划布局紧凑，有力与集中的护理服务，减少管理成本，方便对老人开展及时的护理和照料；

（9）拥有较高的管理和护理服务人员比例，管理和护理人员与老人的比例一般可达1：1。

3. CCRC 开发模式的评价

（1）满足了老人对健康管理、护理和医疗等基本养老需求；

（2）在同一社区中满足了老人不同生理年龄阶段的不同养老需求；

（3）经营方式上的可取之处：①通过会员费的收取，迅速回笼资金；②开发商持有产权可以获得抵押贷款等进一步扩张所需的资金支持；③通过年费（或月费）获得日常经营收益；④通过出租店面获得租金收益。

（4）由于配套设施要求较高，导致前期资金投入较大、资金回笼相对较慢；

（5）CCRC 是值得在中国推广的真正的老年住区，但其成功过的前提，必须依靠值得客户信赖的管理和服务品牌赢得客户的信任，客户在一开始就能支付入门费。如果没有一定的市场认可度、企业品牌，一个新公司要成功运用这种商业模式销售会员卡（入门费），难度还是比较大的；

（6）CCRC 模式的风险，将来自会员卡的预付费性质，如遇到不诚信的开发企业，或开发企业经营不善或出现管理漏洞导致群体性对抗事件，使资金流出现严重问题时，老人预先缴纳的入门费（会员卡费用）就难免会有损失，而且损失一般很难弥补。

（二）法国薇姿"温泉+养老"的产业发展模式

法国薇姿温泉养老项目的业态以医疗温泉 SPA 的"疗程"和以老年大学的"课程"为核心，辅以养生餐饮、温泉俱乐部、文化中心、商业中心、户外场地，以及温泉 CCFC 或 CCRC 适老化住宅等配套和居住建筑形态。

每个基本规模的温泉养老项目将为 500 位左右的预防性治疗和慢病康复老人提供 4 个月左右的短租疗养及课程服务，或常年居住的高品质硬件环境和软件服务。

　　各个温泉养老项目将由法国薇姿提供统一的硬件技术和软件服务支持，并将通过大中华区统一的市场营销系统和国际营销系统的统筹支持，解决各温泉养老项目的终端客群来源、实现项目客群间的轮转互换。

　　在条件成熟时，还将与欧洲的温泉养老项目建立起国际间的轮转互换机制。

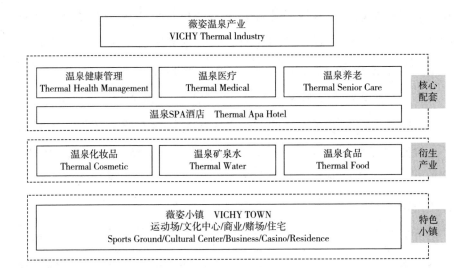

附件三 国内一些省市发展康养产业的有益探索

（一）一些地方层面的促进康养产业发展的政策设计

1. 广元因地制宜制定康养产业政策①

2014年9月24日，2014中国·广元康养产业推进会召开，总投资33.3亿元的7个康养项目正式落户广元。

据了解，2014年8月，广元市编制出台了《广元市健康养生产业发展规划》，规划覆盖了全市三区四县，围绕健康服务领域、养老领域、产业园区领域、庄园经济和乡村田园旅游领域、农业规模化服务领域、宗教静修等8大领域进行重点打造，形成了"一核三极五带"的星形放射状产业形态空间布局。

目前，广元市规划康养重点项目54个，推出重点招商项目24个，重点建设昭化—牛头山—剑门关三国精品区，唐家河—青溪古镇自然历史文化旅游养生、体育运动基地，曾家山田园农业文化养生基地，嘉陵江流域水上运动养生区等。

其中，7个项目具体见表2所示。

地理位置	投资金额（亿元）	建设项目	详细信息
苍溪县亭子乡	1	态祥生态农业养生观光园	占地1300余亩
朝天镇	0.3	朝天康复医院	—
旺苍县	3.5	大型综合医养园区	将建设老年康复中心、精神病专科、重要制剂、美容中心、联合大学办理特色专科护理学校

① http：//scnews. newssc. org/system/20140926/000495052. html，访问时间 2017/10/11

续表

地理位置	投资金额（亿元）	建设项目	详细信息
利州区	4.5	广元市养老健康城	项目以老年康养中心、老年护理中心、老年活动中心、老年公寓为核心的集养老、医疗、康复、养生等功能于一体的综合性养老产业项目，配套建设养老健康产业综合园区等内容
利州区	20	四川健康养生职业技术学校	占地约650亩
莲花村	4	康复养生项目	总建筑面积约为10万平方米，占地面积约40万平方米，建成后可以解决500人就业
—	—	广元与重庆四川商会的战略合作项目	目前已拟好战略合作框架协议

资料来源：网页 http://www.zgkycyw.cn/xiangmu/201612/26/5.html

2. 四川出台《关于大力推进森林康养产业发展的意见》①

2016 年 5 月 31 日，《四川省林业厅关于大力推进森林康养产业发展的意见》以下简称《意见》在全省正式印发。《意见》提出，到 2020 年，全省建设森林康养林 1000 万亩，森林康养步道 2000 公里，森林康养基地 200 处，把四川基本建成国内外闻名的森林康养目的地和全国森林康养产业大省。

为实现上述目标，《意见》强调六项重点任务。一是在首次提出森林康养林概念基础上，要求大力营建森林康养林体系；二是大力推进森林康养基地建设；三是大力推进森林康养步道建设；四是大力推进森林康养市场主体培育；五是大力推进森林康养产品与品牌建设；六是大力推进森林康养文化体系建设。

森林康养，是近年来四川林业引进国际森林疗养理念，结合省情

---

① http://www.zg.gov.cn/web/slyj/-2/-/articles/4477790.shtml，访问时间 2017/10/13.

林情创新确立的战略新兴业态。在顶层定位上，得到了国家林业局和四川省委省政府的充分肯定，森林康养被纳入了《全国林业"十三五"发展规划》，写进了《中共四川省委关于国民经济和社会发展第十三个五年规划的建议》《四川省养老健康服务业"十三五"规划》。

《意见》指出，发展森林康养产业既是林业行业贯彻落实党的十八届五中全会关于"推进健康中国建设"决策部署，积极响应人民群众生态和健康需求，充分发挥森林资源独特优势，大力拓展森林多重功能，主动融入大健康服务产业领域的重要机遇和有效载体，也是四川省林业实施"162"发展战略，推进供给侧结构性改革和林业产业转型升级，以及科学利用森林资源，推动生态扶贫的客观需要和路径选择。

3. 宁夏出台政策力促医药产业健康发展①

为进一步深化医药卫生体制改革、推进健康宁夏建设、促进医药产业持续健康发展，经宁夏回族自治区人民政府同意，《促进医药产业健康发展的实施方案》于近日出台。根据方案，到 2020 年，宁夏医药产业规模将进一步壮大，产值由 2015 年底的 49.93 亿元增加到 100 亿元，年均增速超过 15%，工业增加值增速持续位居各工业行业前列；产业绿色发展、安全高效，质量管理水平明显提升，培育年产值过亿元的制药企业由目前的 7 家增加到 10 家以上。

据悉，在发展医药健康旅游产业方面，宁夏将整合区内中医医疗机构、中医养生保健机构和养生保健产品生产企业等资源，建设六盘山生态养老旅游基地、中卫沙坡头旅游区沙疗沙浴基地、白芨滩自然保护区沙疗康复旅游基地、滨河旅游度假休闲区"淤泥疗"休闲养生旅游基地、中宁枸杞产业园等特色旅游基地和产业园区，打造具有宁

---

① http：//www.zgkycyw.cn/news/show.php？itemid=39，访问时间 2017/10/12.

夏特色、优势突出的中医药健康旅游养生品牌。鼓励研发、开展中药浴、中药熏蒸、温泉洗浴、中（回）医药文化体验等养生保健项目，发展中（回）医药健康旅游。依托银川地区优势医疗、回族医药、生态旅游等优势资源，推进滨河新区国际医疗城、中阿文化城和永宁三沙源国际生态旅游及休闲度假园的养老服务和健康医养产业发展，开发建设一批集养老、医疗、康复与旅游于一体的医药健康旅游示范基地和休闲度假康体养生旅游产品，进一步健全社会养老、医疗、康复、旅游服务综合体系。

4. 攀枝花因地制宜制定康养产业政策

基于对康养的理解和对攀枝花禀赋的珍视，近年来，攀枝花市坚持以前瞻性、全局性的眼光审视阳光康养产业，争取创建"阳光康养产业试验区"，大胆先行先试，为产业发展搭建国家级平台；充分发挥比较优势，将攀枝花的气候、空气、海拔、特色农产品等优势资源加以整合，打出一块阳光康养的"金字招牌"，构筑产业的资本洼地、人才洼地；转变观念，拓展思维，为阳光康养产业赋予更多内涵，以此统领相关服务业发展。继百里钢城、钒钛之都之后，"阳光花城·康养胜地"的城市品牌渐行渐响。2013 年康养产业总收入比上年增长52.9%，荣膺中国最具魅力的节庆城市。

攀枝花市规划先行。编制了《中国阳光康养旅游城市发展规划》和《创建中国阳光康养试验区发展规划》，从战略定位、发展模式、空间布局、产业体系构建等方面，引领康养产业快速健康发展。

攀枝花市致力环境提升。先后荣获中国优秀旅游城市、国家卫生城市等称号，建成全国首个全光网城市，入选全国首批和谐社区建设示范城市。交通建设取得重大进展，区域性交通枢纽加速形成。

攀枝花市强化目标支撑。统筹实施老年康养基地、国际健康生活城、阳光康养旅游城、国家级体育运动基地和区域性医疗高地等项目建设。

攀枝花市加强政策引领。重点针对康养机构建设的标准化和产业融资的社会化等问题，加强财税金融支持和用地保障，有效激活了市场热情。近两年，攀枝花市康养领域的年均投资增速已达27.4%。

5. 宜昌市因地制宜制定康养产业政策①

2016年7月28日，宜昌市五届人大常委会第三十四次会议上，市发改委主任蒋正雄作了《关于宜昌市康养产业发展情况的报告》。记者从中获悉：目前，清江康养产业试验区初步入库的36个项目中，已有7个建成投入使用。

6. 秦皇岛因地制宜制定康养产业政策②

"健康资源是支撑我国经济腾飞的关键要素，康养产业是维系长期'人口红利'的重要支柱。但是目前我国康养产业与公众健康需求不适应的矛盾日益显现，大力推动健康养老产业发展已经刻不容缓。"全国政协委员、省委常委、秦皇岛市委书记田向利建议，统筹推进京津康养产业功能疏解，支持秦皇岛市开展国家养老服务业综合改革试点工作，积极推进中国北方健康养老示范区建设。

田向利委员介绍，秦皇岛市作为"京津冀后花园"和世界闻名的旅游避暑胜地，汇集了阳光、大海、沙滩、湿地、森林等优质生态资源，是中国北方康体养生休闲的最佳目的地；全市拥有各类疗养院400多家、床位数万余张，医疗、休疗、养生服务网络系统完备，与京津很多医疗休疗单位保持着长期深入的合作关系；培育形成了生物医药、医药器材、医疗养老、营养保健品等一批骨干企业和特色产业。目前，秦皇岛市正在加快推进康养产业建设，具备了承接京津医疗、

---

① http：//www.sohu.com/a/108296087_154652，访问时间2017/10/14.

② http：//qhd.leju.com/news/2015 - 03 - 09/175159806357922159964231.shtml，访问时间2017/10/15.

休疗、养生等产业项目转移落地的先决条件。

就如何统筹推进京津康养产业功能疏解的问题，田向利委员建议，国家围绕落实京津冀协同发展总体规划，研究制定康养产业发展专项规划，坚持高端化、人性化服务方向，科学合理布局疏解承载区，特别是立足秦皇岛特殊区位和资源优势，引导和推动京津医疗、休疗、养生等优质资源向秦皇岛市有序转移。田向利委员表示，希望将秦皇岛市康养产业发展纳入国家"十三五"发展规划，在秦皇岛市设立国家康养产业发展机构。支持秦皇岛市开展国家养老服务业综合改革试点工作，着力推进秦皇岛市和县区综合性养老机构、中心社区养老院、居家养老服务中心（站）、农村老年人互助照料中心等城乡养老服务设施的标准化建设。积极推行京津冀医保支付向养老机构延伸试点，探索建立医疗、养老一体报销并轨机制，借助智慧城市平台提升康养管理服务水平。

国家相关部委给予必要的政策倾斜和扶持，大力支持秦皇岛国际健康秤建设，集中发展医疗、美容、保健、养老等产业，引进韩、日及港台等国家和地区相关领域的知名企业，打造中国康养产业的国际名片。

（二）国内康养项目梳理

1. 总投资 33.3 亿元 7 个康养项目落户广元[①]

2014 年 9 月 24 日，2014 中国·广元康养产业推进会召开，总投资 33.3 亿元的 7 个康养项目正式落户广元。

据了解，2014 年 8 月，广元市编制出台了《广元市健康养生产业发展规划》，规划覆盖了全市三区四县，围绕健康服务领域、养老领域、产业园区领域、庄园经济和乡村田园旅游领域、农业规模化服务

---

① http://scnews.newssc.org/system/20140926/000495052.html，访问时间 2017/10/11

领域、宗教静修等 8 大领域进行重点打造，形成了"一核三极五带"的星形放射状产业形态空间布局。

2. 北大未名集团来湘考察森林康养项目①

2016 年 4 月 15～16 日，为进一步落实湖南省林业厅与北大未名集团签署的战略合作框架协议，北大未名集团董事长潘爱华率集团高管一行来湘考察青羊湖森林康养项目，会商项目建设具体方案。

邓三龙厅长指出，省林业厅以推动林业供给侧结构性改革和加快基层林业发展为己任，引进北大未名集团为战略合作伙伴，旨在通过发展森林康养等林业新业态，解决青山绿水掩盖下的贫穷问题。当前，双方应当按照省政府工作报告中确定的建设生态文化示范园的定位，把握效益优先、保护环境、产品安全的总原则，力求有限的林地资源和无限的绿色空间之间、新建项目和整体布局之间、彰显特色与追求实用之间、满足个性化需求和健全公共服务之间的有机结合，以森林康养、养老示范、中药材种植、人文景观区打造等为合作重点，务实谋划，层层推进，把绿水青山变成有益于人类健康、有利于基层发展、有助于群众脱贫的美好家园，向人民群众交出一份符合世界发展潮流的满意答卷。

潘爱华董事长代表北大未名集团董事会表示，未来人类生活的稀缺资源必将包含"三个一"，即一片蓝天白云、一块绿水青山、一口清新空气。北大未名与湖南林业的合作，就是要通过搭建合作平台、整合资源资本、利用各方优势，着力发展融森林康养、生物医药、基因利用于一体的大健康产业，共同创造人类生活基因部落式的理想家园，引领全国乃至全球生物经济和绿色发展的潮流。

---

① http://www.hunan.gov.cn/2015xxgk/szfzcbm/tjbm_7425/zwdt/201604/t20160408_3035914.html，访问时间 2017/10/14.

在湘期间，北大未名集团先后与省林业厅、省青羊湖国有林场举行了湖南林业森林康养项目规划设计座谈会、湖南省青羊湖森林康养项目建设座谈会，并深入省青羊湖国有林场进行了实地考察，明确了下一步建设目标和具体任务。

3. 清江康养产业 7 个项目已投入使用[①]

2016 年 7 月 28 日，宜昌市五届人大常委会第三十四次会议上，市发改委主任蒋正雄作了《关于宜昌市康养产业发展情况的报告》。记者从中获悉：目前，清江康养产业试验区初步入库的 36 个项目中，已有 7 个建成投入使用。

36 个项目估算总投资 161.11 亿元。其中，长阳天柱山景区生态养生避暑山庄、乐龄养老院综合楼等 7 个项目已建成投入使用；宜都市青林古镇康养旅游度假项目、长阳清江春天养生生态度假岛、向王寨叹气沟养生休闲度假区、磨市湿地公园等 7 个项目正在加快建设，估算总投资 32.39 亿元；三江综合开发、天龙山康养旅游度假区等 10 个项目正在开展前期工作，估算总投资 42.45 亿元；策划储备项目 12 个，估算总投资 71.94 亿元。

4. 句容茅山三大康养项目集中签约[②]

2017 年 1 月 15 日，句容茅山风景区管委会、江苏省茅山湖旅游度假区管委会在涵田茅山半岛酒店举行项目集中签约仪式，总投资达 84 亿元。

清虚小镇康养智慧谷项目总投资 20 亿元，致力打造集文化街区、休闲度假、道法康养、户外运动于一体的康养智慧谷。

上清温泉谷项目总投资 31 亿元，运用独特文化视角，打造集道家

---

① http：//www.sohu.com/a/108296087_ 154652，访问时间 2017/10/14.

② http：//www.zgkycyw.cn/xiangmu/201701/20/12.html，访问时间 2017/10/11.

文化体验、休闲商务、温泉度假、养生疗养、旅游居住、山水观光于一体的综合性道家文化养生旅游度假区。

华君医养综合体项目总投资 33 亿元，重点打造以生态资源为基础、以养生养老为根本、以休闲度假功能为主导、以旅游产品为核心、以高品质医疗服务为保障的综合性养生旅游度假区。

5. 全球中医药康养基地建设专家座谈会暨海棠湾上工谷项目启动①

2017 年 1 月 18 日，由三亚市现代服务业产业园管理委员会、万茂联合投资发展有限公司共同举办的全球中医药康养基地建设专家座谈会暨海棠湾上工谷项目启动仪式在海棠湾青田风情小镇举行。

中医药是中华民族的宝贵财富，为中华民族的繁衍昌盛做出了巨大的贡献。2013 年，国务院发布促进健康服务业发展的若干意见，健康服务业以维护和促进人民群众身心健康为目标，主要包括医疗服务、健康管理与促进、健康保险以及相关服务，涉及药品、医疗器械、保健用品、保健食品、健身产品等支撑产业，覆盖面广，产业链长。

---

① http://www.zgkycyw.cn/xiangmu/201701/20/11.html，访问时间 2017/10/11

加快发展健康服务业，是深化医改、改善民生、提升全民健康素质的
必然要求，是进一步扩大内需、促进就业、转变经济发展方式的重要
举措，对稳增长、调结构、促改革、惠民生，全面建成小康社会具有
重要意义。

此次全球中医药康养基地建设专家座谈会邀请中医药相关政府部
门、行业机构、境外及国内领导、专家多名，就中医药健康旅游产业
发展方向、业态模式、文化展示国际化合作、民族融合等 12 大议题与
会研讨座谈，共同发力为中医药未来发展及行业融合出谋划策。

座谈会上，与会专家认为，中医药康养产业是给人们带来身心健
康、促进人类健康生活、全面发展的幸福产业，能够在促进国民健康
事业的发展过程中发挥关键作用，成为"健康中国"的催化剂。顺应
大众旅游时代需求。国家旅游局局长李金早在总结旅游业的发展变化
时，概括出新的旅游六要素："商、养、学、闲、情、奇"，其中，
"养"即养生旅游，包括养生、养老、养心、体育健身等健康旅游新
需求、新要素。在大众旅游时代，人们普遍不再满足于走马观花式的

观光旅游，旅游的重点逐步从身体的旅行转向身心的放松，大力发展养身、养心的中医药康养基地正是顺应了这一需求。

三亚以生态立市，随着国家对生态养生、健康产业的关注，特别是三亚成为全国首个"城市修补、生态修复"试点城市，也是目前唯一同时获得海绵城市和综合管廊建设综合试点的地级市，"中医康体养生旅游"成为三亚面对国际旅游市场的"卖点"，三亚已被越来越多的国际国内度假康养人士所关注。而海棠湾上工谷项目以中医药康养为主线，正是契合了海南省新政，已受到社会各界及康养人士的高度称赞。

在"一带一路"和"健康中国"的国家战略下，海南积极发挥自身气候和资源优势，大力发展健康产业，并与国家中医药管理局进行战略合作，共同致力将海南打造成为全国中医药服务贸易和中医药健康旅游示范区。

座谈会上，与会人员还表示，旅游与健康有着天然的联系。一方面，旅游的本质就是要给人带来健康快乐："这要求旅游产业的管理者和旅游服务的提供者站在促进人类健康的高度，向人们提供高质量、高品位的产业和服务。"另一方面，"旅游＋健康"形成的健康旅游产业能够向人们提供最直接的健康服务。三亚自然环境得天独厚、旅游资源丰富，大力拓展三亚中医药健康旅游，形成融中医医疗康复、养生保健、健康服务、休闲度假于一体的新型健康产业，促进"中医药＋健康＋旅游"的跨界整合，开创三亚健康医疗、旅游共同发展的新常态前景广阔。

正是在这一背景下，万茂联合投资发展有限公司积极响应省、市、区三级政府发展健康旅游的政策，联合业界精英倾力打造海棠湾国际中医药康养旅游小镇项目——海棠湾·上工谷。该项目地处海棠湾青田风情小镇，地理位置优越、交通便利。项目集中医药主题康养酒店、民宿、中医药休闲农业、集散、文化展示、会议会展、多维度体验于一体，致力于打造国家级、国际性的中医药健康旅游示范区。

海棠湾·上工谷项目落地海棠区，为三亚及海南中医药健康产业及中医药健康旅游业的发展增添新内涵和新亮点，标志着继海南博鳌乐城医疗旅游先行区之后又一重量级健康旅游项目正式落户海南国际旅游岛。

参考文献

[1] 中共中央办公厅、国务院办公厅 2017 年印发：《国家生态文明试验区（贵州）实施方案》。

[2] 中共中央、国务院 2016 年 10 月 25 日印发：《"健康中国 2030"规划纲要》。

[3] 中共中央办公厅、国务院办公厅 2016 年 8 月 22 日印发：《关于设立统一规范的国家生态文明试验区的意见》及《国家生态文明试验区（福建）实施方案》。

[4] 中共中央文献研究室编：《习近平关于社会主义生态文明建设论述摘编》，中央文献出版社，2017 年 9 月。

[5] 《"十三五"旅游业发展规划》。

[6] 贵州省各厅局、有关市县关于生态文明建设助推脱贫攻坚的情况报告。

[7] 习近平：《在中央扶贫开发工作会议上的讲话》（2015 年 11 月 27 日），《习近平总书记重要讲话文章选编》，中央文献出版社、党建读物出版社，2016。

[8] 袁文华、孙曰瑶：《实现生态文明的品牌溢价路径研究》，《中国人口·资源与环境》2013 年第 9 期。

[9] 刘永富：《党的十八大以来脱贫攻坚的成就与经验：不忘初心坚

决打赢脱贫攻坚战》，《求是》2017年第6期。

[10] 《突出贵州特色加快推进生态文明试验区建设》，《贵州日报》
2016年11月2日。

[11] 习近平：《下大力气破解制约如期全面建成小康社会的重点难点
问题》（2015年10月29日），《习近平总书记重要讲话文章选
编》，中央文献出版社、党建读物出版社，2016。

[12] 《中国分省系列地图册——贵州》，中国地图出版社，2016。

[13] 贝恩德·埃贝勒：《健康产业的商机》，王宇芳译，中国人民大
学出版社，2010。

[14] 潘家华、吴大华：《生态引领绿色赶超》，社会科学文献出版
社，2015。

[15] 鞠美庭、盛连喜主编《产业生态学》，高等教育出版社，2008。

[16] 马先标：《解读中国房改》，清华大学出版社，2017。

[17] 中共贵州省委教育工作委员会、贵州省教育厅组编《贵州省情
教程》，清华大学出版社，2015。

[18] 埃里克·弗鲁博顿、鲁道夫·芮切特：《新制度经济学：一个交
易费用分析范式》，上海三联书店、上海人民出版社，2006。

[19] R.科斯、A.阿尔钦、D.诺斯：《财产权利与制度变迁》，上海
三联书店，2004。

图书在版编目（CIP）数据

国家生态文明试验区建设的贵州实践研究／贵州省
社会科学院编. -- 北京：社会科学文献出版社，2018.12
（贵州省社会科学院智库系列. 院省委托课题）
ISBN 978 - 7 - 5201 - 3405 - 7

Ⅰ.①国…　Ⅱ.①贵…　Ⅲ.①生态环境建设 - 实验区
- 研究 - 贵州　Ⅳ.①X321.273

中国版本图书馆 CIP 数据核字（2018）第 205080 号

贵州省社会科学院智库系列·院省委托课题
国家生态文明试验区建设的贵州实践研究

编　　者／贵州省社会科学院
著　　者／潘家华　李　萌　等

出 版 人／谢寿光
项目统筹／陈　颖　邓泳红
责任编辑／陈晴钰

出　　版／社会科学文献出版社·皮书出版分社（010）59367127
　　　　　地址：北京市北三环中路甲29号院华龙大厦　邮编：100029
　　　　　网址：www. ssap. com. cn
发　　行／市场营销中心（010）59367081　59367083
印　　装／三河市尚艺印装有限公司

规　　格／开　本：787mm×1092mm　1/16
　　　　　印　张：16.5　字　数：202 千字
版　　次／2018 年 12 月第 1 版　2018 年 12 月第 1 次印刷
书　　号／ISBN 978 - 7 - 5201 - 3405 - 7
定　　价／79.00 元

本书如有印装质量问题，请与读者服务中心（010 - 59367028）联系